KB141183

700만이 뽑은

대한민국
대표요리
152

평생 먹는 집밥 한 권으로 해결
700만이 뽑은 대한민국 대표요리 152

초판 1쇄 발행 2019년 5월 30일
초판 6쇄 발행 2024년8월 15일

지은이 만개의 레시피
펴낸이 이인경
총괄 이청득
기획 고수정
검수 윤미영, 최문경
편집 최원정
디자인 이성희

펴낸곳 ㈜이지에이치엘디 주소 서울특별시 금천구 가산디지털1로 145, 1106호
전화 070-4896-6416 팩스 02-323-5049 이메일 help@10000recipe.com
홈페이지 www.10000recipe.com 인스타그램 @10000recipe 유튜브 www.youtube.com/c/10000recipeTV
네이버TV tv.naver.com/10000recipe 페이스북 www.facebook.com/10000recipe

출판등록 2018년 4월 17일

사진 박형주, 윤성근(Yul studio, 02-545-9908)
푸드 스타일링 김미은 푸드 스타일링 어시스트 심해림
요리 최문경 요리 어시스트 송찬희, 송지한, 원소정

인쇄 (주)홍인그룹

ISBN 979-11-964370-2-2 13590

700만이 뽑은
대한민국
대표요리
152

만개의레시피 지음

만개의레시피

PROLOGUE

최고의 맛으로 선정된 레시피는?
명실상부 국가대표 요리

10만 레시피 가운데 최고의 자리를 거머쥔 요리를 모아 만개의 레시피 요리 종합서를 드디어 출간하게 되었어요. 평점과 후기로 뽑은 밥요리, 면요리, 반찬 등 종류별 베스트 요리 152품을 담은 만개의 레시피 기본 요리 바이블입니다. 가히 국민 레시피라 할 수 있는 최고의 평점 레시피를 다시 검증하고 보완해 자신 있게 선보입니다.

꼭 한 번 먹어봐야 할
집밥을 고르는 가장 쉬운 방법!
간단한 반찬부터 손님 대접 요리까지
한 권으로 해결

혼밥러부터 가족까지 누구에게나 만족을 선사하는 요리를 9가지 요리 테마로 정리했어요. 책 끝부분의 가나다순 찾아보기, 재료별 찾아보기, 주재료 가격대별로 찾아보기를 통해 어떤 레시피든 쉽게 찾을 수 있을 거예요. 곁에 두고 꼭 봐야 할 우리집 밥상 코디네이터, 〈700만이 뽑은 대한민국 대표 요리 152〉로 집밥 고민, 날려버리세요.

오늘 밥상엔
이런 맛이 필요해!
최고의 요리로
식사를 합시다~.

오늘 여러분의 밥상에는 어떤 요리들이 올라왔나요? 나와 가족을 위한 밥상 고민은 계속되지요. 지친 하루를 위로해줄 집밥 레시피이기에 최선을 다해 마련했습니다. 지금, 한국인이 가장 사랑하는 요리로 소중한 한끼를 채워보세요. 만개의 레시피가 마련한 정성스런 레시피가 행복한 식탁을 만들어주길 바랍니다.

요리의 기초,
꼼꼼히 알려드릴게요.
한 번 배워 평생 써먹는
요리 기초 노하우

<700만이 뽑은 대한민국 대표 요리 152>에는 요리의 기본기를 쉽게 익힐 수 있는 요리 기초 노하우를 알차게 정리해 담았습니다. 알고 나면 요리가 두 배로 쉬워지는 꿀팁도 레시피마다 깨알같이 넣었어요.

만개의 레시피는 누가 만들어도 실패 없는 레시피를 고민하고 연구합니다.
늘 여러분과 음식으로 소통하고, 마음을 나누겠습니다. 감사합니다.

만개의 레시피 요리팀

CONTENTS

7위

밥맛을 살려주는 각양각색의 별미 요리!

1 반찬 요리

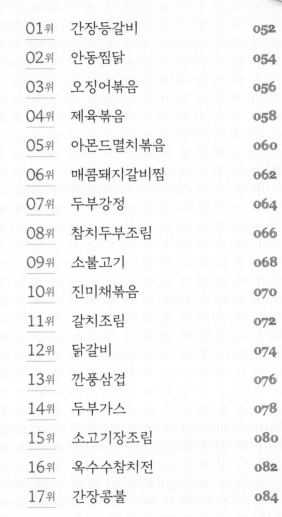

2 밥 요리
한 그릇으로도 영양 만점!

3 국물 요리
반찬이 필요 없는

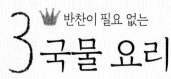

동서양을 넘나드는 사계절

4 면 요리

5 손님초대 요리

만드는 사람도 먹는 사람도 즐거운

집밥으로 알차게 영양 보충!

6 영양식 요리

7 👑 출출할 때 생각나는
간식 요리

8 👑 눈으로 먹고 입으로 먹는
도시락 요리

9 👑 오래 두고 길게 먹는
저장식 요리

Basic Guide
한 번 배워 평생 써먹는
요리 기초
노하우

요리할 때 생기는 궁금한 점들, 한두 가지가 아니지요?

한 번 알아두면 두고두고 알차게 활용할 수 있는 요리의 기초 팁, 하나씩 알아볼까요?

평소에 하나씩 익히면 키친라이프가 훨씬 즐거워질 거예요.

★ 우리 가족을 위한 ★

한 상 차 림
베스트

① 어른 한 상

매콤하게! 담백하게! 어른들의 입맛을 탕탕! 저격하는 한상이에요.

깐풍삼겹 076쪽

콩나물밥 106쪽

된장찌개 124쪽

② 어린이 한 상

보기 좋은 음식이 맛도 좋다! 예쁜 비주얼로 편식하는 아이의 마음까지 확 사로잡았어요.

달걀그물오므라이스 346쪽

두부강정 064쪽

옥수수참치전 082쪽

③ 수험생 한 상

머리야, 똑똑해져라! 두뇌 발달에 좋은 재료로 뇌의 활력을 업업! 시켜요.

소고기미역국 138쪽

제육볶음 058쪽

아몬드멸치볶음 060쪽

★맛도 좋고 몸에도 좋고! ★
건강 요리
베스트

① 감기예방

콜록콜록! 훌쩍훌쩍! 감기 비켜! 감기 달고 사는 분을 위한 천연감기약이에요.

배찜 258쪽

연어스테이크 268쪽

브로콜리치즈수프 270쪽

② 피로해소

특급 영양식으로 쌓인 피로를 확~ 풀어보세요.

한재오리단호박찜 204쪽

낙지볶음 244쪽

전복죽 098쪽

③ 다이어트

이제 다이어트도 맛있게 하자! 노폐물 배출을 도와주는 식이섬유 음식으로 맛있게 먹고 다이어트도 성공해요.

버섯비빔밥 260쪽

새우냉채 216쪽

도토리묵채소말이 228쪽

★ 인증샷은 필수! ★
SNS 속 화제의 음식 베스트

① 소떡소떡 290쪽

이영자도 극찬한 휴게소 완판 간식!
겉은 바삭! 속은 쫀득해 먹을 때마다
씹는 재미가 있어요.

② 크림치즈곶감말이 310쪽

우는 아기도 뚝! 그치게
만든다는 꿀간식! 달콤 고소한
맛에 한 번 맛보면 자꾸만 손이
가는 메뉴랍니다.

SNS에서 한 번쯤은 보았던
음식이죠. 간단한데 맛과
비주얼이 좋아 스타일리시한
술안주나 브런치로 손색없어요.

③ 감바스 188쪽

자투리 재료로 만드는 냉파요리!
밀가루 반죽 대신 밥으로 감싸서 튀겨
일반 핫도그보다 더 촉촉하고 고소해요.

④ 무스비 336쪽

⑤ 밥도그 286쪽

무스비는 밥과 통조림햄을
쌓은 후 김으로 감싸 연결하는
음식인데요. '무스비'라는 단어는
'연결'을 뜻합니다. 간단한 한 끼로도
좋고, 도시락 메뉴로도 좋아요.

가루류 계량하기

| 설탕
1숟가락 | 설탕
½숟가락 | 설탕
⅓숟가락 |

숟가락에 수북이 떠서 위로 볼록하게 올라오도록 담아요.

숟가락에 절반 정도만 볼록하게 담아요.

숟가락에 ⅓ 정도만 볼록하게 담아요.

액체류 계량하기

간장 1숟가락 · 간장 ½숟가락 · 간장 ⅓숟가락

숟가락에 한가득 찰랑거리게 담아요.

숟가락에 가장자리가 보이도록 절반 정도만 담아요.

숟가락에 ⅓ 정도만 담아요.

장류 계량하기

고추장 1숟가락 · 고추장 ½숟가락 · 고추장 ⅓숟가락

숟가락에 가득 떠서 위로 볼록하게 올라오도록 담아요.

숟가락에 절반 정도만 볼록하게 담아요.

숟가락에 ⅓ 정도만 볼록하게 담아요.

종이컵으로 계량하기

육수 1종이컵	밀가루 1종이컵	콩 1종이컵
종이컵에 찰랑거리게 담아요.	종이컵에 가득 담고 자연스럽게 윗면을 깎아요.	종이컵에 가득 담고 윗면을 깎아요.

손으로 계량하기

시금치 1줌	부추 1줌	약간
손으로 자연스럽게 한가득 쥐어요.	500원 동전 굵기로 자연스럽게 쥐어요.	엄지손가락과 둘째 손가락으로 살짝 쥐어요.

100g 계량하기

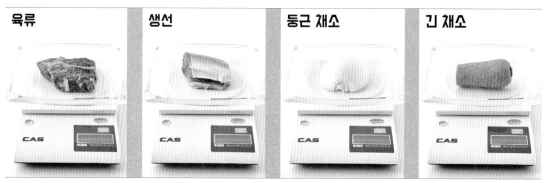

육류	생선	둥근 채소	긴 채소
손바닥 크기 (가로 5cm × 세로 5cm × 두께 2cm)	고등어 1토막	양파 ½개	당근 ½개

재료 써는 법

통썰기

재료 모양 그대로 썰어요.
예 애호박전, 오이무침 등을
만들 때 써요.

채썰기

통썰기 한 후 일정한 간격으로
얇게 썰어요.
예 무생채, 잡채 등을 만들 때 써요.

막대썰기

통썰기 한 후 막대 모양이 되도록
일정한 간격으로 썰어요.
예 장아찌, 피클 등을 만들 때 써요.

깍뚝썰기

막대썰기 한 후 정사각형이
되도록 일정한 간격으로 썰어요.
예 카레, 깍두기 등을 만들 때 써요.

나박썰기

막대썰기 한 후 옆으로 돌려
일정한 간격으로 썰어요.
예 나박김치, 뭇국 등을 만들 때
써요.

어슷썰기

긴 재료를 비스듬히 썰어요.
예 대파, 오이, 고추를 손질할 때
써요.

반달썰기

길고 둥근 모양의 재료를 세로로
길게 반 가른 후 일정한 간격으로
썰어요.
예 애호박, 당근, 감자 등을 썰어
찌개나 탕에 넣을 때 써요.

돌려깎아 채썰기

길고 둥근 모양의 재료를 5cm
정도 통썰기 한 후 껍질 부분에
칼을 넣어 돌려 깎고 채 썰어요.
예 미역냉국, 냉채 등을 만들 때 써요.

★ 감칠맛 업업! ★
양념 노하우

소금

국물요리에 간할 때나 김치, 간장, 된장, 젓갈을 담글 때, 생선을 절일 때는
굵은 소금(호염, 천일염)을 쓰고, 요리에 간할 때는 고운 소금(자염, 꽃소금)을 사용해요.
그 외에 가공을 거친 볶은 소금, 구운 소금, 맛소금 등이 있어요.

간장

크게 국간장, 양조간장, 진간장으로 나눌 수 있어요.
국간장은 간이 강한 편이고, 색은 연한 편이어서 주로 국물 요리의 간을 맞출 때 사용하고,
묵은 나물 등의 양념으로도 사용해요. 진간장은 가격이 저렴한 편이고, 색이 진해서 간장 사용량이 많은
조림류에 적당해요. 양조간장은 감칠맛이 있어서 생으로 섭취하는 요리에 좋고, 볶음류 등 광범위하게
사용됩니다.

설탕

단맛을 내고, 짠맛을 중화시킵니다. 우리가 가장 많이 사용하는 백설탕은 원당을 정제해서
만든 것이에요. 이 백설탕을 가열해서 황설탕을 만들고 카라멜시럽 등을 넣어 흑설탕을 만들어요.

물엿

단맛을 내며, 윤기가 나게 해 조림류에 주로 사용돼요. 오래 끓이면 딱딱해지므로
조리의 마지막 순서에 넣어 가열시간을 짧게 하는 것이 좋아요.

청주

쌀, 누룩으로 빚어 맑게 거른 술로 알코올 도수가 다양하나 요리에는 약 14도 내외의 청주를 사용해요.
맛과 향이 깨끗해 고기나 생선의 누린내, 비린내를 잡고, 고기를 부드럽게 하는 효과도 있어요.
흔히 통칭하는 '정종'은 상품명입니다.

맛술

쌀, 소주, 누룩으로 만든 단맛 나는 요리용 술이에요. 알코올 도수가 낮고, 청주에 비해 단맛이 강하지요.
고기나 생선의 누린내, 비린내를 잡고, 감칠맛을 내는 데 사용해요.

고추장

구수하고 매운 맛을 내 찌개나, 국, 볶음 등 요리에 주로 활용됩니다.

고춧가루

굵은 고춧가루는 김치, 무침, 찌개에 적당하고, 고운 고춧가루는 고추장을 담거나
생채 등을 할 때 좋아요. 칼칼한 매운맛을 내 생선이나, 채소요리 등에 이용합니다.

식초

우리나라의 일반 식초는 산도 6~7% 정도로 신맛이 다소 강해요. 레몬이나 와인식초류,
애플사이더 등의 서양 식초의 산도는 대략 4~5% 정도입니다.

멸치액젓

액젓은 소금과 섞어 발효해 숙성 후 내린 것으로 젓갈과 달리 액젓은 색이 맑고, 맛과 향이 뛰어나
요리에 다양하게 쓰여요. 구수하고 깊은 맛이 나며 단맛이 적고 특유의 큼큼한 냄새가 있어요.
끓이는 국물이나, 김치, 장아찌 등 발효 음식에 많이 쓰입니다.

까나리액젓

1년 미만의 어린 까나리(양미리)를 소금과 섞어 발효한 것이에요. 멸치에 비해 끝맛이 달며
조리 시 간장의 양을 줄이고 액젓을 사용해도 좋아요. 멸치액젓에 비해 비린내도 적어서
나물이나 볶음 요리 등에도 잘 어울립니다.

참치액젓

가쓰오부시를 우려서 만들어 훈제향이 나는 액젓이에요.
참치의 감칠맛과 단맛이 많이 가미되어 있어 일식요리에 잘 어울립니다.

매실청

신맛과 깊은 단맛을 가지고 있습니다.

★ 국물이 끝내줘요 ★
육수 만들기

가쓰오육수

맛이 가벼워 무, 다시마, 향신채 등과 함께 일식의 국물요리에 쓰입니다. 쯔유 등의 기본 육수로 활용 가능하며 가쓰오부시의 품질에 따라 향이 좌우됩니다.

필수 재료 건다시마(10×10cm) 1장, 가쓰오부시 20g, 물 1.5L
–

❶ 찬물에 건다시마를 넣고 끓여요.

❷ 끓어오르면 다시마를 건져요.
  tip 다시마를 오래 끓이면 끈적한 물질이 국물을 탁하게 해요.

❸ 불을 끄고 가쓰오부시를 넣고 10분 이내로 우려요.

❹ 고운 체로 걸러 용도에 맞게 사용해요.
  tip 밀폐용기에 남아 냉장보관 시 3일, 냉동 보관 시 1개월 이내에 사용해요.

멸치다시마육수

감칠맛이 좋아 전골, 조림, 생선요리 등에 주로 사용돼요.

필수 재료 국물용 멸치 1줌(15마리), 다시마(10×10cm) 1장,
무 ⅕개(300g), 양파 ½개, 물 6종이컵
–

❶ 멸치는 배를 갈라 내장을 제거해요.
  tip 내장을 제거하지 않으면 쓴맛이 나요.

❷ 키친타월을 깐 접시에 멸치를 담고 전자레인지에 40초 정도 돌려요.

❸ 마른 헝겊으로 다시마의 먼지를 닦아요.

❹ 냄비에 멸치, 다시마, 무, 양파, 물을 넣고 10분간 끓여요.

❺ 물이 끓으면 다시마를 건져요.

❻ 10분간 더 끓이고 체에 걸러 완성해요.

다시마육수

해산물요리나 고기요리에 사용하면 더 깊은 맛을 낼 수 있어요.
다시마를 오래 끓이면 국물이 탁해져요.

필수 재료 다시마(10×10㎝) 1장, 물 6종이컵
–

❶ 다시마는 마른 헝겊으로 겉에 묻힌 먼지를 털어내요.

❷ 냄비에 물과 다시마를 넣고 약불에서 서서히 끓여요.

❸ 육수가 끓으면 다시마를 건져내요.
   tip 다시마를 찬물에 하루 정도 불린 후 다시마만 건져내고 사용해도 좋아요.

닭육수

닭 전체나 닭뼈로 끓이며 향신채에 따라 한식, 중식, 양식에 사용 가능해요.

필수 재료 닭 1마리, 통후추 10알, 마늘 5개, 대파 1대, 양파 1개, 월계수잎, 물 약 2L
–

❶ 깨끗이 세척한 닭, 채소, 통후추, 월계수잎을 찬물에 넣고 센 불에서 끓여요. 떠
   오르는 불순물은 제거해요.

❷ 끓으면 중약불에서 30~40분간 끓여요.

❸ 닭을 건지고 고운체에 걸러 용도에 맞게 사용해요.
   tip 시판용 치킨스톡 사용법: 뜨거운 물 1L에 치킨스톡파우더 1숟가락을 넣고
   희석해서 용도에 맞게 사용해요. 제품마다 희석양이 다르므로 제품사용법을
   참고하는 것이 좋아요.

소고기육수

냉면과 같이 고기도 먹고 맑은 육수도 내야 하는 요리에는 설깃이나
설도를 사용해요. 떡국이나 미역국 같은 탕국류에는 양지, 장조림류에는
양지나 사태, 아롱사태 부위를 사용해요.

필수 재료 소고기 400g, 양파 ½개, 대파 2대, 후추 10알, 마늘 3개, 물 1.5L
–

❶ 소고기는 찬물에 담가 핏물을 제거해요.
   tip 핏물이 가라앉으면 깨끗한 물로 교체해요.

❷ 찬물에 소고기, 대파, 양파, 마늘, 후추를 넣고 강불에서 끓여요.

❸ 끓기 시작하면 중약불로 30~40분간 끓이고 거품은 중간중간 걷어요.

❹ 고운체에 걸러 사용하고 남은 고기는 고명으로 사용해도 좋아요.
   tip 시판용 비프스톡을 사용할 때는 뜨거운 물 1L에 비프스톡파우더 1숟가락을
   넣고 희석해서 용도에 맞게 사용해요. 제품마다 희석양이 다르므로 제품사용법을
   참고하는 것이 좋아요.

Basic Guide

★ 한국인은 밥심이지! ★

밥 짓는 법

쌀은 햅쌀일수록, 갓 도정한 쌀일수록, 수분도가 좋고 윤기가 좋은 밥이 돼요.
요즘은 쌀을 씻어 불리는 과정을 잘 안 하지만, 햅쌀이나 묵은쌀의 맛 차이를 줄이고
맛있는 밥을 짓기 위해서는 쌀을 깨끗이 씻어 불린 뒤 밥을 하는 것이 좋아요.

쌀 씻기

❶ 쌀에 찬 물을 받아 첫 번째 물은 빠르게 버려요.

  tip 첫물은 쌀 안으로 잘 흡수되기 때문에 먼지나 쌀겨 등이 흡수되지 않도록 빠르게 버려요.

❷ 쌀을 3~4번 빠르게 씻어내요.

❸ 찬물에 햅쌀은 30분 정도, 묵은쌀은 1시간 정도 불려요.

  tip 쌀을 너무 오래 불리면 쌀이 상할 수 있어요.

❹ 불린 쌀 1종이컵, 물 1종이컵 비율로 넣고 밥을 지어요.

  tip 불리지 않은 쌀은 쌀과 물을 1:1.3 비율로 하여 밥을 지어요.

일반 냄비 밥 짓기

❶ 냄비에 쌀, 물을 넣고 뚜껑을 닫아 센 불에서 끓여요.

❷ 냄비에 김이 오르고 끓기 시작하면 중불로 5분, 약불로 10분 더 가열해요.

❸ 불을 끄고 5분간 뜸을 들인 다음 고루 섞어요.

  tip 윤기 흐르고 찰기 있는 밥을 짓고 싶으면 찹쌀을 10% 정도 섞으면 좋아요.

돌솥, 무쇠솥 밥 짓기

❶ 냄비에 쌀, 물을 넣고 뚜껑을 닫아 중불에서 끓여요.

❷ 냄비에 김이 오르고 끓기 시작하면 불을 꺼요.

  tip 불을 끄는 이유는 온도를 낮추기 위해서예요.

❸ 1분 정도 있다가 약불로 15분 끓이고, 불을 끄고 5분간 뜸을 들인 다음 고루 섞어요.

  tip 돌솥, 무쇠솥은 불을 올리는 시간이 길고, 열을 머금고 있다가 솥 안의 재료를
  고루 전달하기 때문에 불 조절에 유의하세요.

압력솥 밥 짓기

❶ 압력솥에 쌀, 물을 넣고 뚜껑을 닫아 센 불에서 끓여요.

❷ 추가 올라오거나 흔들리면 약불로 줄여 10분 정도 가열해요.

❸ 불을 끄고 추가 내려가거나 멈출 때까지 기다린 후 뚜껑을 열고 고루 섞어요.

  tip 압력솥으로 밥을 지으면 조리 시간이 짧고 수분이 빠져나가지 않아 찰진 밥이 돼요.

★ 면, 이렇게 삶아야 제맛! ★

스파게티면,
소면 삶는 법

소면 삶는 법

필수 재료 소면

—

❶ 끓는 물에 면을 펼쳐 넣고 중불에 삶아요.

❶ 물이 끓으면 찬물 1컵을 넣어요. (2번 반복)

❶ 면을 건져 찬물에 헹궈요.

　　tip 찬물에 헹궈주면 전분이 떨어져 면발이 탱글탱글해져요.
　　뜨거운 육수라면 토렴을 해주면 좋아요.

스파게티 면 삶는 법

필수 재료 스파게티면, 소금

—

❶ 끓는 물에 물 양의 10% 양의 소금을 넣고 면을 펼쳐 넣고 센 불에서 삶아요.

　　tip 소금을 넣으면 간이 배어 면이 쫄깃해져요.

　　tip 1인분 면의 양은 손가락으로 쥐었을 때 100원 동전 크기(90g), 2인분 면의 양은
　　500원 동전 크기(180g)가 적당해요.

❶ 중간의 심지가 있는 알덴테 상태(너무 부드럽거나 무르지 않아 씹는 촉감이 느껴지는 상태)가
　될 때(보통 8분이나 제품마다 다름) 불을 끈 후 건져요.

　　tip 면 삶은 물은 버리지 말고 파스타의 농도를 맞출 때 사용하면 좋아요.
　　제품에 따라 면 삶는 시간이 다르니 포장지에 적힌 조리법을 확인해요.

★ 풍미가 끝내주는 ★
파기름
만드는 법

필수 재료

- 식용유 3종이컵
- 대파 잎(녹색 부분) 6줄
- 마늘 3개
- 생강 약간

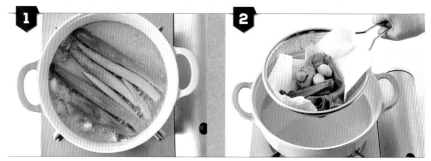

1 팬에 식용유, 대파 잎, 마늘, 생강을 넣고 대파가 노릇해질 때까지 중불로 가열해요.

2 체에 걸러 한 김 식혀요.

3

tip 냉장고에서 3개월 정도 보관 가능해요.

밀폐 유리병에 담아 보관해요.

★ 입맛대로 삶아요 ★

달걀
삶는법

필수 재료

• 달걀
• 식초 1숟가락
• 소금 1숟가락

1

tip 냉장 보관된 달걀을 바로 삶으면 온도 차이 때문에 껍질이 깨질 수 있어요.

달걀은 상온에서 30분 정도 둬요.

2

달걀을 씻어 건져요.

3

tip 식초와 소금을 넣으면 달걀이 깨지는 것을 방지하고 삶은 후 껍질이 쉽게 벗겨져요.

냄비에 달걀이 잠길 만큼 물을 붓고 식초, 소금을 넣어요.

4

tip 물이 끓은 후 6~7분이 지나면 반숙, 15분이 지나면 완숙이에요.

tip 달걀을 한쪽 방향으로 3분 정도 저으면 달걀노른자가 가운데로 와요.

달걀을 넣고 삶아요.

5

삶은 달걀을 찬물에 담가 식혀요.

6

tip 달걀을 돌돌 굴려 껍질에 금이 가게 한 후 벗기면 잘 까져요.

껍질을 까요.

★ 사시사철 밥상을 풍성하게! ★

사계절
제철 재료

똑같은 음식이라도 제철 재료로 만든 음식이 더 맛있죠.
제철 재료를 먹어야 하는 이유는 맛은 기본이고 영양까지 풍부하기 때문이에요.
매 시기에 맞춰 싱싱한 재료로 제철 음식을 요리해보세요.

① 봄(3~5월)

채소	봄동, 냉이, 달래, 두릅, 돌나물, 취나물, 머위대, 애호박, 양배추, 양상추, 상추, 마늘종, 고사리, 원추리, 더덕, 완두콩
해산물	바지락, 주꾸미, 꽃게, 우럭, 멸치, 미더덕, 키조개, 멍게, 갑오징어, 소라, 톳
과일	딸기, 한라봉

② 여름(6~8월)

채소	감자, 오이, 노각, 양파, 쥬키니호박, 부추, 근대, 깻잎, 파프리카, 가지, 아욱, 열무, 고구마순, 도라지, 꽈리고추, 풋고추, 피망, 호박잎, 옥수수, 토마토
해산물	장어, 갈치, 전복, 뱅어포, 해파리, 병어, 농어, 다슬기, 갑오징어, 성게
과일	참외, 포도, 복분자, 수박, 복숭아, 블루베리, 자두, 멜론, 앵두, 아보카도, 살구, 매실

③ 가을(9~11월)

채소   단호박, 늙은호박, 무, 고구마, 당근, 대파, 쪽파, 고들빼기, 새송이버섯, 느타리버섯, 팽이버섯, 표고버섯, 시금치, 고춧잎나물, 브로콜리, 청경채

해산물   새우, 오징어, 고등어, 삼치, 꽁치, 광어, 낙지, 연어, 조기, 정어리, 전어, 미꾸라지, 옥돔, 모시조개, 우렁이

과일   배, 사과, 감, 키위, 무화과, 석류, 유자

④ 겨울(12~2월)

채소   우엉, 연근, 배추, 시금치, 브로콜리, 콜리플라워, 미나리, 쑥갓, 갓, 무말랭이

해산물   동태, 과메기, 홍어, 황태, 코다리, 가자미, 아귀, 대구, 문어, 꼬막, 굴, 김, 홍합, 매생이, 파래, 미역

과일   귤, 레몬

고기 부위별 특징과 요리

① 소고기

❶ **안심** 살이 연하고 부드럽다. (추천요리: 스테이크, 구이, 전골)

❷ **등심** 육즙이 풍부하고 감칠맛이 난다. (추천요리: 구이, 불고기, 스테이크)

❸ **채끝** 육질이 연하고 부드럽다. (추천요리: 스테이크, 산적)

❹ **목심** 지방이 적고 씹을수록 고소하다. (추천요리: 불고기, 국)

❺ **앞다리** 색이 진하고 근육과 힘줄이 많아 질기다. (추천요리: 육회, 장조림, 불고기)

❻ **우둔** 지방이 적어 다소 거칠고 질기다. (추천요리: 육회, 장조림, 산적)

❼ **설도** 지방이 적고 육질이 조금 질기다. (추천요리: 산적, 장조림, 국)

❽ **양지** 육질이 치밀해 오랜 시간에 걸쳐 끓이는 요리를 하면 맛이 좋다. (추천요리: 국)

❾ **사태** 기름기가 없어 담백하다. (추천요리: 육회, 탕)

❿ **갈비** 지방이 많고 육즙이 풍부하다. (추천요리: 구이, 찜, 탕)

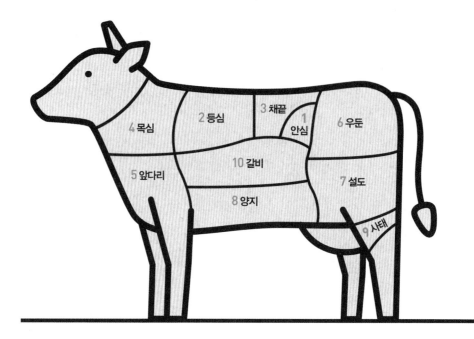

② 돼지고기

❶ **목심** 지방이 적당히 박혀있어 풍미가 좋다. (추천요리: 찌개, 구이)

❷ **등심** 지방이 적고 담백하다. (추천요리: 돈가스, 스테이크, 잡채)

❸ **갈비** 근육 내 지방이 있어 풍미와 육즙이 풍부하다. (추천요리: 찜, 숯불구이, 바베큐)

❹ **안심** 지방과 근육이 적어 육질이 부드럽고 연하다. (추천요리: 탕수육, 스테이크, 돈가스)

❺ **앞다리** 지방이 적고 색이 진하다. (추천요리: 찌개, 불고기)

❻ **삼겹살** 지방이 많고 고소하다. (추천요리: 구이, 수육, 베이컨)

❼ **뒷다리** 살집이 두터우며 지방이 적다. (추천요리: 수육, 장조림, 불고기)

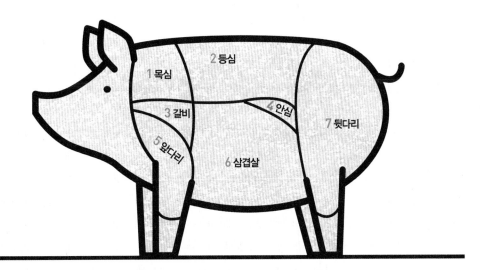

★ 어렵지 않아요 ★

해물 손질 노하우

① 오징어 손질법

필수 재료

- 오징어
- 소금

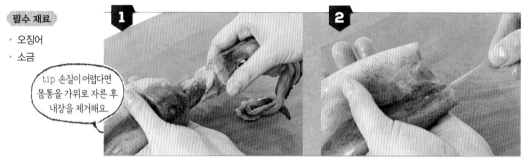

tip 손질이 어렵다면 몸통을 가로로 자른 후 내장을 제거해요.

1 몸통 안으로 손가락을 넣어 내장과 몸통 연결 부분을 끊어준 뒤 내장이 터지지 않도록 천천히 잡아당겨요.

2 투명한 뼈를 뜯어내요.

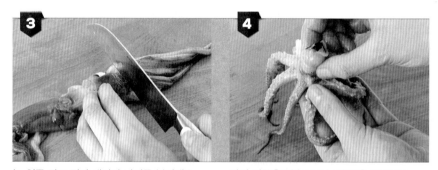

3 눈 위를 칼로 잘라 내장과 다리를 분리해요.

4 다리 안쪽을 양손으로 눌러 입을 제거해요.

tip 마찰력에 의해 벗겨지는 것으로 키친타월을 이용하면 껍질이 쉽게 벗겨져요.

5 칼로 배 부분을 갈라 펼친 후 껍질에 소금을 묻혀 비빈 뒤 당겨 껍질을 벗겨요.

② 낙지 손질법

필수 재료

* 낙지
* 밀가루
* 굵은소금

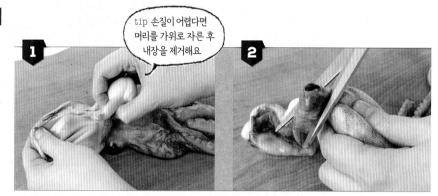

tip 손질이 어렵다면 머리를 가로로 자른 후 내장을 제거해요.

1 가위로 머리와 내장이 이어진 부분을 자른 후 머리를 뒤집어 내장을 제거해요.

2 가위로 눈을 제거해요.

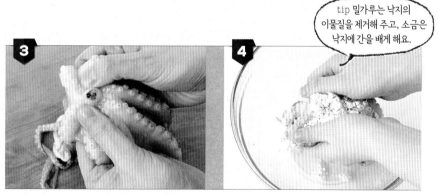

tip 밀가루는 낙지의 이물질을 제거해 주고, 소금은 낙지에 간을 배게 해요.

3 다리 안쪽을 양손으로 눌러 입을 제거해요.

4 볼에 낙지, 밀가루, 소금을 넣고 빡빡 주무른 후 물에 씻어요.

③ 전복 손질법

필수 재료

· 전복

> tip 껍데기를
> 깨끗이 닦아 요리 장식으로
> 사용하면 좋아요.

1 물이 담긴 볼에 전복을 넣고 솔을 이용해
깨끗이 닦아요.

2 껍데기가 뾰족한 부분에 숟가락을 밀어 넣어
껍데기와 살을 분리해요.

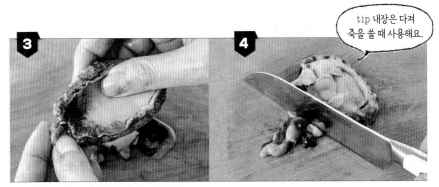

> tip 내장은 다져
> 죽을 쑬 때 사용해요.

3 전복 끝의 입 부분을 칼로 잘라 이빨을
제거해요.

4 내장을 칼로 떼어내요.

④ 꽃게 손질법

필수 재료

• 꽃게

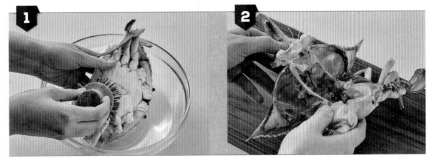

꽃게는 씻는 솔로 구석구석 닦고 배딱지를
뜯어내요.

몸통과 등딱지 사이를 벌려 몸통과
등딱지를 분리해요.

등딱지 안에 붙어 있는 검은 내장과
모래집을 제거해요.

몸통에 붙어있는 양옆 아가미를 제거해요.

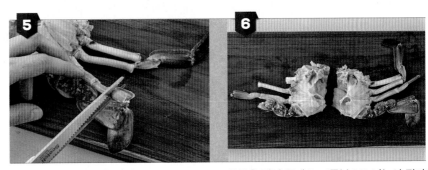

가위로 입과 다리 끝을 잘라요.

몸통을 먹기 좋게 2~4등분으로 나누어 잘라요.

★ 알아두면 좋은 ★

알짜
채소 팁

① **쌈채소 세척법**

필수 재료

- 쌈채소
- 식초 1숟가락

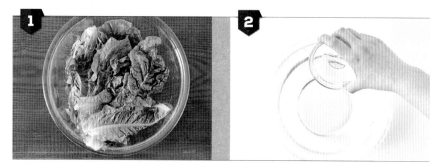

쌈채소를 준비해요.

볼에 물을 붓고 식초를 넣어 섞어요.

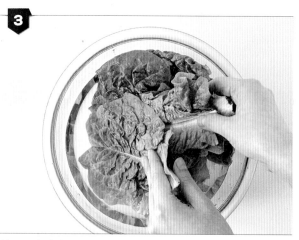

식초물에 쌈채소를 넣고 5분간 담근 후
물에 2~3번 더 씻어요.

② 감자 삶는 법

필수 재료

- 감자
- 소금 약간
- 설탕 약간

tip 감자에 칼집을 내면 삶은 후 껍질 벗기기가 쉬워요.

tip 소금과 설탕을 넣으면 감자에 간이 배어 더 맛있어요.

감자 중앙에 칼집을 한 바퀴 내요.

냄비에 감자가 잠길 만큼 물을 붓고 소금과 설탕을 넣어요.

감자를 넣고 뚜껑을 닫은 후 센 불에서 10분, 중불로 줄여 20분 더 삶아 완성해요.

③ 브로콜리 손질법과 데치는 법

필수 재료

- 브로콜리
- 베이킹소다 약간
- 소금 약간

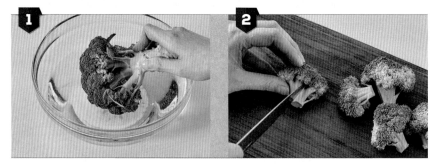

베이킹소다를 풀어 넣은 물에 브로콜리를
흔들어 씻어요.

밑동을 자른 후 한입 크기씩 떼어내요.

소금을 넣은 끓는 물에 브로콜리를 넣고
1분 이내로 재빨리 데쳐요.

데친 브로콜리를 찬물에 헹군 뒤 체에 밭쳐
물기를 제거해요.

④ 콩나물 삶는 법

필수 재료

· 콩나물
· 소금 약간

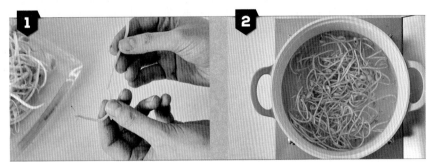

콩나물의 콩껍질을 제거하고 꼬리의
지저분한 부분을 떼어내요.

소금을 넣은 끓는 물에 콩나물을 넣고
3분 정도 데쳐요.

tip 냉채와 같은 요리를
할 땐 찬물에 헹궈 아삭한
식감을 살려요.

데친 콩나물은 체에 밭쳐 물기를 제거해요.

tip 콩나물의 머리에서 비린내가 제일 많이 나니 찜요리같이 단시간
조리하는 요리에는 머리를 제거하세요. 꼬리는 오래 익히면 질겨져요.

★ 요리 필수템 ★
주방용품 관리법

냄비,

프라이팬 등

모든 냄비&프라이팬

- 모든 냄비나 팬은 사용 시 가스 불꽃이 냄비 바닥의 둘레를 넘지 않도록 해야 그을음, 얼룩이 생기는 것을 막을 수 있어요.

- 사용 후 뜨겁게 달아오른 냄비를 갑자기 차가운 물에 담그면 냄비 색이 갈변하며 내구성이 떨어지게 되니 충분히 식힌 후 세척하세요.

스텐인리스 냄비&프라이팬

- 베이킹소다, 식초 또는 구연산, 전용 클리너로 관리해요.

- 처음 사용할 때는 연마제 제거를 위해 식물성 기름으로 냄비 구석구석을 닦아내고, 베이킹소다를 뿌려 골고루 문질러 닦아요. 그 후, 물을 붓고 식초나 구연산을 넣어 끓인 뒤 식히고 헹궈서 사용해요.

- 스테인리스 팬도 약불로 충분히 예열하고 사용하면 눌어붙지 않고 매끈하게 볶음 등의 요리를 할 수 있어요.

- 얼룩이 생겼다면 베이킹소다를 넣고 끓여요. 끓기 시작하면 불을 끄고 반나절 정도 두었다가 수세미로 씻어요. 마무리로 구연산이나 식초를 풀어서 한 번 더 끓이면 광택이 좋아져요. 표면의 자국은 베이킹소다를 물과 섞어 걸쭉하게 만들어서 얼룩에 발라두었다가 닦아요.

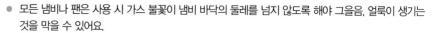
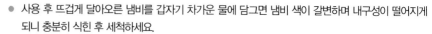

테프론 코팅팬&냄비

- 코팅 프라이팬은 가볍고 음식이 팬에 잘 들러붙지 않아 쉽게 타지 않으며, 가열이 금방 되므로 요리 시간을 줄일 수 있어요.

- 흐트러지기 쉬운 부침개, 달걀지단, 생선구이, 각종 볶음 등을 하기에 좋아요.

- 테프론 팬도 가열한 후 찬물에 바로 넣으면 수명이 단축될 수 있어 주의해야 해요. 뜨거울 때 키친타월로 남은 음식 찌꺼기를 닦아주고 팬이 충분히 식은 후 스펀지 같은 부드러운 소재의 수세미에 세제를 묻혀 닦아주면 돼요.

- 사용 후 포개 관리하면 코팅이 벗겨질 수 있으니 커버나 헝겊을 사용해 중간에 덮어주거나 정리대를 사용해 보관하면 더욱 오래 사용할 수 있어요. 나무나 실리콘 조리도구를 사용하는 것이 좋아요.

무쇠솥(주물냄비)

- 열전도율이 좋아 삶기, 굽기, 찜 등 활용도가 높고, 저수분 조리가 가능해요.
- 완전히 식은 무쇠솥을 미지근한 물로 세척한 후 키친타월이나 광목천 등으로 바로 닦아 물기를 제거하고, 식물성 기름을 얇게 펴 바르고 약한 불에서 5~7분 정도 가열하는 '시즈닝'을 하면, 오일막을 형성해 녹이 스는 것을 방지하고 음식물이 눌어붙지 않아요.
- 무쇠솥도 급격한 온도 변화에 상할 수 있어요. 혹시 녹이 심하게 생겼다면 뜨거운 물에 헹군 뒤 베이킹소다나 굵은소금을 뿌려 솔로 문질러 세척하고, 시즈닝을 해줘요.

뚝배기

- 뚝배기는 도자기 재질로 열전도율이 좋고, 열 유지가 잘 돼요.
- 구매 후 처음 쓸 때는 쌀뜨물이나 밀가루 푼 물을 부어 끓이면 녹말 성분이 오염물질을 흡착하고, 미세한 입자를 메워 용기의 내구성도 좋아져요. 끓으면 불을 끄고 식을 때까지 놔두었다가 물에 헹궈요. 이 과정을 2~3번 정도 하고 사용해요. 평소 세척도 쌀뜨물이나 밀가루 푼 물로 하면 되고, 심하게 눌어붙은 경우 베이킹소다를 푼 물을 붓고 보글보글 끓여 세척해요.

도마

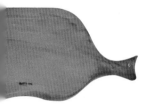

나무 도마

- 나무 도마는 종류가 다양해요. 대나무, 올리브나무, 편백나무, 유칼립투스나무 등 살균 효과가 좋은 재질의 나무로 만들어요. 나무 도마는 물기를 잘 흡수해 물에 취약하고, 잘 갈라지며, 칼자국이 잘 생겨요.
- 나무 도마는 나무 종류에 따라 세척법이나 사용법이 조금씩 다르니 구매 시 확인하는 게 좋아요. 일반적으로 오일 코팅을 하는 나무 도마를 처음 사용할 때는 산패하는 식물성 기름보다는 미네랄 오일을 사용해서 코팅하고 통풍이 잘 되는 곳에서 하루 정도 말리는 과정을 3~4번 정도 반복하는 것이 좋아요. 나무 도마는 사용 후 2달에 한 번씩 오일 코팅을 해주면 좋아요.
- 물로 세척하고, 큰 오염이 생겼을 때는 소금과 식초를 섞어 문질러 헹군 뒤 물기를 제거하고 통풍이 잘 되는 곳에 세워서 보관해요.

실리콘 도마

- 소재의 특성상 가볍고, 소음이 적어요.
- 세척과 보관, 건조가 간편해요. 끓는 물에 삶아 소독해요.

유리 도마

- 칼자국이 남지 않는 것은 물론, 음식의 냄새나 색이 거의 배지 않아 다른 도마에 비해 위생적이고 관리가 수월해요.
- 유리 특성상 물기가 닿으면 미끄러워져 칼질할 때 밀려서 자칫 다칠 수 있으니 얼룩이 많이 남는 김치나 냄새가 밸 수 있는 생선과 같은 재료를 손질할 때만 사용하는 것이 좋아요.

★ 요리를 완성시키는 ★
곁들임양념장
3종 세트

곁들임 양념간장

콩나물밥, 잔치국수에 곁들여요.

양념장 재료

간장 4숟가락, 설탕 1숟가락, 다진 마늘 ½숟가락, 쪽파 1대,
참기름 ½숟가락, 청양고추 1개, 고춧가루 1숟가락, 통깨 1숟가락

청양고추와 쪽파를 송송 썰고 볼에 모든 재료를 넣고 섞어요.

초간장

만두, 전에 곁들여요.

양념장 재료

간장 4숟가락, 식초 2숟가락, 고춧가루 2숟가락
볼에 모든 재료를 넣고 섞어요.

초고추장

데친 브로콜리, 미역, 오징어에 곁들여요.

양념장 재료

고추장 3숟가락, 식초 3숟가락, 설탕 1+½숟가락,
다진 마늘 ½숟가락, 통깨 1숟가락

볼에 모든 재료를 넣고 섞어요.

★ 요리 필수템 ★
요리 초보의 단골 Q&A

맛술이 없을 때는 어떻게 하나요?

맛술은 육류 및 생선류의 비린내와 잡내를 없애주는 역할을 하지요. 맛술이 없을 때는 청주를 사용해요. 청주는 맛술과 달리 단맛이 덜해 맛술 대신 청주를 사용할 때는 단맛 재료를 조금 더하세요. 반대로 청주 대신 맛술을 사용하면 단맛 재료를 줄여야겠죠?

버섯은 물에 씻어야 하나요?

버섯을 물에 씻으면 맛과 향이 빠져요. 마른행주로 겉 부분만 살짝 닦아요. 마른행주가 없으면 조리 직전 살짝 씻은 후 물기를 빨리 털어내고 사용해요.

나물을 무쳤을 때는 맛있었는데 시간이 지나니 싱거워요.

나물은 미리 무쳐두면 시간이 지날수록 재료에서 수분이 빠져나가 싱거워져요. 무치기 전에 물기를 꼭 짜고 무칠 때 간을 조금 세게 해요.

고기의 누린내를 제거하고 싶어요.

먼저 고기의 핏물을 빼요. 핏물을 뺄 때는 잘게 썬 고기는 면보나 키친타월로 가볍게 눌러주고, 덩어리 고기는 찬물에 20~30분 정도 담가야 고기의 맛이 빠지지 않고 핏물이 빠져요. 요리할 때 파, 마늘, 생강, 양파와 같은 향신 채소를 넣거나 양념에 청주, 맛술을 더해도 좋아요.

진간장, 양조간장, 국간장, 조선간장의 다른 점은 뭐지요?

진간장과 양조간장은 비슷한 용도로 사용할 수 있어요. 진간장은 짠맛이 덜하고 색이 진하고 단맛이 나는 게 특징이에요. 보통 열을 가하는 조림, 볶음, 찜, 구이에 사용해요. 양조간장은 진간장과 염도는 거의 비슷하나 생으로 먹기가 좋아요. 양념장, 회간장 등에 사용해요. 국간장은 조선간장이라고도 불리며 진간장보다 색이 옅고 짠맛이 강해요. 보통 찌개, 국, 나물 무침에 사용해요.

설탕, 물엿, 올리고당은 어떤 차이가 있나요?

설탕이 가장 달고 물엿이나 올리고당은 제품에 따라 차이가 있어요. 설탕은 물기 없이 단맛을 내는 볶음이나 무침에 사용하면 좋고 물엿은 음식에 윤기를 낼 때나 깔끔한 맛을 내는 조림에 사용하면 좋아요. 올리고당은 부드러워서 초고추장, 드레싱에 사용하기 좋지요.

밥맛을 살려주는 각양각색의 별미 요리!

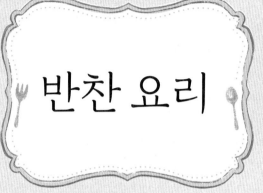

반찬 요리

다른 반찬이 필요 없는 메인 반찬부터 냉장고에 쟁여 놓고 두고두고

꺼내 먹을 수 있는 사이드 반찬까지 밥맛을 살리는 각양각색 반찬 요리를 소개합니다.

닭, 돼지, 소고기, 해산물 요리부터 비건을 위한 채소, 두부요리까지

다양한 재료를 활용한 인기 반찬을 소개합니다.

입맛을 돋우는
단짠단짠 고기반찬

간장등갈비

 4인분 ⏱ : 1시간

집 나간 입맛을 돌아오게 하는 단짠단짠 고기반찬이에요.

된장을 약간 넣고 잘 삶으면 누린내도 잡고 고기도 뼈에서 잘 발라질

정도로 부들부들해져서 아이 어른 할 것 없이 맛있게 먹을 수 있어요.

다양한 양념으로 맛을 달리할 수 있으니 취향에 따라 양념에 변화를 줘도 좋아요.

만개의레시피
반찬요리 랭킹
01위

- 등갈비 2팩(1kg)
- 마늘 10개
- 된장 1숟가락
- 통깨 약간

tip 등갈비는 질긴 막을 벗겨낸 뒤
뼈 사이에 칼을 넣어 썰어요.

양념 재료

- 간장 9숟가락
- 설탕 4숟가락
- 물엿 4숟가락
- 매실액 2숟가락
- 맛술 4숟가락
- 다진 마늘 2숟가락
- 참기름 1숟가락
- 물 3+⅓종이컵
- 통깨 약간

보관법

냉장실에서 2일, 냉동실에서는
15일 정도 보관할 수 있어요.
한 번에 먹을 양만큼 담아서
보관하면 편리해요.

1 등갈비를 찬물에 1시간 정도 담가 핏물을
빼요.

2 등갈비에 칼집을 내요.

3 볼에 양념 재료를 넣고 양념장을 만들어요.

4 냄비에 등갈비가 잠길 만큼의 물을 부은 후
된장을 풀어요. 끓어오르면 등갈비를 넣고
10분간 데친 후 찬물에 헹궈 체에 밭쳐요.

tip 핏기가 없을
정도로 데쳐요.

5 냄비에 데친 등갈비, 마늘, 양념장을 넣고
40~50분간 중불로 조린 뒤 통깨를 뿌려
완성해요.

tip 마늘은 절반 정도
조렸을 때 넣어야 적당히
잘 익어요.

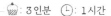

시중에서 파는
그 맛, 그 색깔 그대로
안동찜닭

집에서 찜닭을 만들면 시중에 파는 찜닭처럼 색이 진하게 잘 나오지 않기 쉬운데요.
이때 인스턴트커피를 넣으면 훨씬 더 먹음직스러운 비주얼을 만들 수 있어요.
닭과 함께 들어가는 당근, 양파도 이 요리의 감초 역할을 톡톡히 하지요.
거기에 당면까지 있다면 금상첨화예요. 안동, 봉추 부럽지 않은 찜닭을 집에서 만들어봐요.

만개의레시피
반찬요리 랭킹
02위

- 손질 닭 1마리
- 당면 1줌(100g)
- 양파 1개
- 감자 2개
- 당근 ⅓개
- 대파 1대
- 청고추 1개
- 홍고추 1개
- 맛술 3숟가락
- 우유 2종이컵

양념 재료

- 간장 11숟가락
- 물엿 5숟가락
- 설탕 3숟가락
- 다진 마늘 3숟가락
- 후추 약간
- 인스턴트커피 1봉

보관법

냉장실에서 2~3일 보관할 수 있어요. 보관 시 당면이 불 수 있으니 주의하세요.

1 당면은 잠길 만큼의 찬물을 붓고 30분~1시간 정도 불려요.

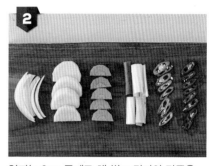

2 양파는 2cm 두께로 채 썰고 감자와 당근은 2cm 두께로 반달 썰고 대파는 길이로 2등분 해 5cm 길이로 썰고 고추는 어슷 썰어요.

tip 닭을 우유에 담가주면 누린내가 제거돼요.

3 닭에 칼집을 내고 우유에 20~30분간 담근 후 물에 헹궈요.

4 냄비에 닭과 잠길 만큼의 물, 맛술을 넣고 센불로 가열한 뒤 물이 끓으면 닭을 건져요.

5 볼에 양념 재료를 넣고 양념장을 만들어요.

6 달군 냄비에 식용유를 두르고 데친 닭, 감자, 당근, 양파를 넣고 양파가 투명해질 때까지 중불에서 볶아요. 물 3종이컵, 양념장을 넣고 센 불로 가열한 뒤 끓어오르면 중불로 줄여 20분간 더 끓여요.

7 대파, 청고추, 홍고추, 불린 당면을 넣고 중불에서 3~4분간 더 익혀 완성해요.

매콤 달콤
자꾸만 먹고 싶은

오징어볶음

볶음요리는 센 불에 후닥닥 볶아내는 게 관건인데요.
특히 오징어는 센 불에 볶아야 물기도 안 생기고 질기지 않은 부드러운 식감으로
먹을 수 있어요. 매콤하고 달콤한 맛으로 자꾸만 입맛을 당겨요.
콩나물무침과 함께 먹으면 매운맛을 중화시킬 수 있답니다.

만개의레시피
반찬요리 랭킹
03위

- 손질 오징어 2마리
- 양파 ½개
- 양배추 ¼개(300g)
- 당근 ⅙개
- 대파 ½대
- 청양고추 4개

양념 재료

- 고추장 1숟가락
- 간장 4숟가락
- 고춧가루 3+½숟가락
- 설탕 3숟가락
- 물엿 1숟가락
- 다진 마늘 1+½숟가락
- 참기름 1숟가락
- 후추 약간

선택 재료

- 통깨 약간

보관법

채소에서 수분이 빠지므로
당일 드시는 것이 좋아요.

양파와 양배추는 깍둑 썰고 당근은 반달썰기
하고 대파와 청양고추는 어슷 썰어요.

오징어는 2등분 한 후 1cm 두께로 썰고
다리는 5cm 길이로 썰어요.

볼에 양념 재료를 넣고 양념장을 만들어요.

달군 팬에 식용유를 두르고 양파, 양배추,
당근을 넣어 중불로 1~2분간 볶아요.

tip 오징어를 넣고
센 불에서 빠르게 볶아야 물이
생기지 않아요.

오징어와 양념장을 넣고 센 불에서 2~3분
볶다가 청양고추, 대파를 넣고 한 번 섞은 후
통깨를 뿌려 완성해요.

기사식당 스타일

제육볶음

🎂 : **3인분**   🕐 : **30분**

한국인이라면 누구나 좋아하는 요리예요. 돼지고기에 매콤하고, 달고, 짠 모든 맛이
들어있으니 싫어하려고 해도 싫어할 수 없는 마성의 메뉴죠. 기사식당 스타일로 국물 없이
만드는 비법은 고기를 양념에 미리 재워두지 않고 고기와 채소를 볶다가 마지막에 양념장을 넣는
거예요. 양념이 잘 밸까 싶지만 불맛까지 풍기는 맛있는 제육볶음이 되니 한 번 도전해보세요.

만개의레시피
반찬요리 랭킹
04위

- 돼지고기 앞다리살 ⅔팩(400g)
- 양파 ½개
- 당근 ¼개
- 대파 ½대
- 청양고추 1개
- 통깨 약간

양념 재료

- 고추장 2숟가락
- 고춧가루 2숟가락
- 간장 2숟가락
- 물엿 1숟가락
- 매실액 2숟가락
- 다진 마늘 1숟가락
- 후추 약간

보관법

채소량이 적다면 냉장실에서
2일 정도 보관할 수 있어요.

1 양파는 0.5cm 두께로 채 썰고 당근은 반달
모양으로 썰고 대파와 청양고추는 어슷 썰어요.

2 볼에 양념 재료를 넣고 양념장을 만들어요.

3 달군 팬에 식용유를 두르고 돼지고기
앞다리살을 중불에서 핏기가 없을 정도로
익혀요.

4 당근, 양파를 넣고 센 불에서 볶다가 양파가
투명해지면 양념장을 넣고 중불로 볶아요.

5 청양고추, 대파를 넣고 센 불에서 30초간
볶은 뒤 통깨를 뿌려 완성해요.

고소하고 바삭한

아몬드
멸치볶음

🥢 : 4인분   🕐 : 20분

멸치볶음의 핵심은 언제 먹어도 고소하고 바삭바삭한 식감이 유지되도록 볶는 거예요.
바삭바삭한 멸치볶음을 만드는 첫 번째 비결은 달군 팬에 멸치를 살짝 볶으면서
수분을 날려주는 것이고, 두 번째 비결은 마지막에 불을 끄고 올리고당을 넣는 것이지요.
올리고당을 양념장과 함께 넣으면 너무 딱딱해지니 꼭 불을 끄고 넣고 섞어주세요.

만개의레시피
반찬요리 랭킹
05위

- 잔멸치 2종이컵(100g)
- 아몬드 ⅓종이컵
- 통깨 1숟가락
- 올리고당 2숟가락

양념 재료

- 간장 2숟가락
- 설탕 1숟가락
- 다진 마늘 ½숟가락
- 맛술 2숟가락
- 물 4숟가락

보관법

냉장실에서 7일 정도
보관할 수 있어요.

1

tip 체에 담아 털어주면
잔가루가 제거돼 깔끔해요.

달군 팬에 잔멸치를 넣고 중약불에서 2분간
볶은 후 체에 담아 털어내요.

2

볼에 올리고당을 제외한 양념 재료를 넣고
양념장을 만들어요.

3

달군 팬에 식용유를 두르고 양념장을 넣어
중약불로 한소끔 끓여요.

4

양념장이 끓으면 잔멸치와 아몬드를 넣고
중약불에서 5분간 볶아요.

5

불을 끄고 올리고당을 넣어 섞은 후 통깨를
뿌려 완성해요.

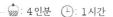 : 4인분 : 1시간

다른 반찬은 필요 없어!
매콤돼지 갈비찜

갈비찜 만드는 날은 다른 밑반찬이 필요 없어요. 돼지갈비에 속속 밴 양념만으로
밥 한 그릇을 뚝딱 먹을 수 있기 때문이죠. 고기 찜요리의 가장 중요한 부분은 요리 전에
고기를 물에 담가 핏물을 빼는 건데요. 그래야만 누린내 없이 깔끔하고 맛있는
찜요리를 완성할 수 있어요. 매콤달콤한 돼지갈비찜으로 행복한 식사하세요.

만개의레시피
반찬요리 랭킹
06위

- 돼지갈비 2팩(1kg)
- 청주 ½종이컵
- 양파 ½개
- 대파 3대
- 청양고추 2개

양념 재료

- 고추장 2숟가락
- 고춧가루 2숟가락
- 맛술 ½종이컵
- 간장 2숟가락
- 설탕 1숟가락
- 다진 마늘 1숟가락
- 후추 약간

선택 재료

- 월계수잎 1장

보관법

냉장실에서 2~3일, 냉동실에서는
15일 정도 보관할 수 있어요.
한 번에 먹을 양만큼 담아서
보관하면 편리해요.

1

> tip 두꺼운 살 부분에
> 칼집을 넣으면 핏물이
> 빨리 빠져요.

돼지갈비는 잠길 만큼 찬물을 붓고 1시간
가량 담가 핏물을 뺀 후 한입 크기로 썰어요.

2

볼에 양념 재료를 넣고 양념장을 만들어요.

3

양파는 채 썰고 대파는 5cm 길이로 썰고
청양고추는 어슷 썰어요.

4

> tip 이때, 월계수잎을
> 같이 넣으면 돼지갈비의
> 누린내가 제거돼요.

냄비에 돼지갈비를 넣고 잠길 만큼의 물을
부은 후 청주를 넣어 10분간 끓여요.

5

데친 갈비는 찬물에 헹군 뒤 체에
밭쳐요.

6

냄비에 돼지갈비를 넣고 잠길 만큼의 물을
부은 다음 센 불에서 20분간 끓여요.
돼지갈비가 익으면 양념장을 넣고
중불에서 15분간 조려요.

7

양파, 대파, 청양고추를 넣어 한소끔
끓여 완성해요.

두부부침의 이색 변신

두부강정

🍚 : 2인분 🕐 : 30분

두부강정의 비법은 끓는 양념에 바로 튀긴 두부를 넣고 재빠르게 섞어주는 거예요.
끓는 강정 양념에 두부를 넣고 1~2분간 섞어주면 두부부침이 두부강정으로 변신하죠.
새콤달콤한 맛으로 어린이들 입맛까지 사로잡는 메뉴랍니다.

만개의레시피
반찬요리 랭킹
07위

- 두부 ½모(150g)
- 부침가루 ½종이컵
- 통깨 약간

양념 재료

- 케첩 3숟가락
- 간장 2숟가락
- 올리고당 2숟가락
- 설탕 1숟가락
- 다진 마늘 1숟가락

보관법

냉장실에서 1~2일
보관할 수 있어요.

1. 두부는 한입 크기로 깍둑 썬 후 키친타월로
물기를 제거해요.

2. 위생비닐에 두부, 부침가루를 넣고 흔들어요.

3. 볼에 양념 재료를 넣고 양념장을 만들어요.

4. 달군 팬에 식용유를 넉넉히 두르고 중불에서
두부를 튀기듯 구워요. 두부를 건져서
키친타월에 올려 기름을 빼요.

5. 팬에 양념장을 넣고 중약불로 가열해 끓으면
튀긴 두부를 넣고 1~2분간 골고루 섞어요.

6. 불을 끈 후 통깨를 뿌려 완성해요.

이거 하나면 밥 한 공기 뚝딱!

참치
두부조림

🍚 : 3인분   🕐 : 30분

마땅한 반찬이 없을 때 두부와 통조림 참치만으로 훌륭한 반찬을 만들 수 있어요.
김치와 참치에 물도 들어가지만, 김치찌개보다는 칼칼한 두부조림 맛에 더 가깝답니다.
참치두부조림으로 밥 한 공기 뚝딱 비울 수 있어요.

만개의레시피
반찬요리 랭킹
08위

- 두부 1모(300g)
- 통조림 참치 1캔(200g)
- 양파 ½개
- 대파 ½대
- 배추김치 ⅔종이컵
- 참기름 약간
- 통깨 약간

양념 재료

- 고추장 2숟가락
- 간장 2숟가락
- 고춧가루 1숟가락
- 설탕 ½숟가락
- 다진 마늘 1숟가락
- 맛술 2숟가락
- 물 1종이컵
- 후추 약간

보관법

냉장실에서 3일 정도
보관할 수 있어요.

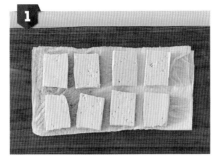

두부는 2등분 한 후 1cm 두께로 썬 뒤 키친 타월로 물기를 제거해요.

통조림 참치는 체에 밭쳐 기름을 빼요.

양파는 채 썰고 대파와 배추김치는 송송 썰어요.

볼에 양념 재료를 넣고 양념장을 만들어요.

달군 팬에 식용유를 약간 두른 후 양파와 배추김치를 넣고 중약불에서 1분간 볶아요.

볶음양파김치(⑤) 위에 두부를 올린 뒤 양념장을 붓고 중불에서 끓여요. 양념이 끓으면 뚜껑을 덮고 약불에서 5분간 끓여요.

통조림 참치를 넣고 2분간 더 익힌 후 대파, 참기름, 통깨를 뿌려 완성해요.

소중한 날
나누어 먹는
소불고기

소불고기는 즐거운 날 주로 등장하는 메뉴예요.
부모님 생신 날, 아이의 생일날, 합격 발표 날 등
축하를 나누는 기쁜 자리에 소불고기를 만들어보는 건 어떨까요?
사랑하는 이들과 함께해서 더 맛있는 요리죠.

만개의레시피
반찬요리 랭킹
09위

- 소고기 불고기용 2팩(600g)
- 양파 1개
- 대파 1대
- 팽이버섯 1봉지(150g)
- 느타리버섯 1팩(200g)

양념 재료

- 간장 8숟가락
- 설탕 3숟가락
- 물엿 2숟가락
- 매실액 1숟가락
- 다진 마늘 3숟가락
- 참기름 2숟가락
- 후추 약간

보관법

냉장실에서 1~2일, 냉동실에서는
15일 정도 보관할 수 있어요.
한 번에 먹을 양만큼 담아서
보관하면 편리해요.

양파는 채 썰고 대파는 어슷 썰고 팽이버섯
과 느타리버섯은 한입 크기로 뜯어요.

볼에 양념 재료를 넣고 양념장을 만들어요.

소고기는 4cm 길이로 썬 후 키친타월로 감
싸 핏물을 빼요.

소고기에 양념장과 양파를 넣어 섞고 30분간
재워요.

달군 팬에 식용유를 두르고 ④를 넣은 후 중불에서
3~4분간 볶다가 팽이버섯과 느타리버섯을 넣고 2분간
볶아요. 마지막으로 대파를 넣고 30초간 섞어 완성해요.

진미채볶음

한 번 손대면 멈출 수 없는
국민반찬

밥반찬으로도 좋고 간단한 술안주로도 그만이에요. 짭조름하고 달달한 양념 때문에
한 번 손대면 멈출 수 없죠. 오래 보관할 수 있다는 장점이 있어 매력적인 반찬인데요.
포인트는 진미채를 마요네즈에 버무리는 거예요. 시간이 지나도 진미채를 부드럽고
촉촉하게 유지시켜 줘요. 거기에 고소함까지 추가되었으니 마성의 만찬이 따로 없죠.

- 진미채 1팩(200g)
- 마요네즈 2숟가락
- 올리고당 1+½숟가락
- 참기름 1숟가락

양념 재료

- 고추장 2숟가락
- 고춧가루 1숟가락
- 간장 1숟가락
- 다진 마늘 ½숟가락
- 설탕 1숟가락
- 통깨 ½숟가락
- 물 4숟가락

보관법

냉장실에서 7일 정도
보관할 수 있어요.
여름이 아니라면 상온에서
3일 정도 보관할 수 있어요.

1

> tip 진미채가 너무
> 길면 가위로 잘라요.

진미채는 물에 1~2번 씻은 후 체에 받쳐 물기를 빼요.

2

> tip 마요네즈를
> 넣으면 부드러운 식감과
> 윤기를 더해요.

진미채에 마요네즈를 넣고 버무려요.

3

볼에 양념 재료를 넣고 양념장을 만들어요.

4

팬에 양념장을 넣고 약불로 한소끔 끓으면
마요네즈를 버무린 진미채(②)를 넣고 중약
불에서 3~4분간 볶아요.

5

불을 끄고 올리고당과 참기름을 섞어 완성해요.

비린내 없이 칼칼하고 깊은 맛!

갈치조림

🍚 : 4인분   🕐 : 30분

생선요리가 어렵게 느껴지는 것은 비린내를 잡는 게 어렵게 느껴지기 때문인데요.
요리를 하기 전에 생선에 청주를 뿌려주면 비린내를 확 잡을 수 있답니다.
조리법은 생각보다 쉬워요. 무와 다시마를 우린 물에 생선을 올리고
양념장을 끼얹으며 졸여주면 남대문시장 부럽지 않은 갈치조림 완성!

만개의레시피
반찬요리 랭킹
11위

- 갈치 2마리 600g
  (손질하여 토막낸 것)
- 무 ⅛개(200g)
- 대파 1대
- 청양고추 1개
- 다시마(5×5cm) 2장
- 청주 1숟가락

양념 재료

- 굵은 고춧가루 1+½숟가락
- 고추장 ½숟가락
- 간장 2숟가락
- 굴소스 1숟가락
- 맛술 2숟가락
- 다진 마늘 1숟가락
- 다진 생강 ¼숟가락
- 매실액 1숟가락
- 올리고당 ½숟가락

보관법

냉장실에서 이틀 정도
보관할 수 있어요.

1

tip 청주가 갈치의
비린내를 잡아줘요.

갈치에 청주를 뿌려요.

2

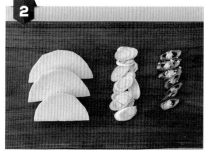

무는 2등분 한 후 1cm 두께로 썰고 대파와
청양고추는 어슷 썰어요.

3

볼에 양념 재료를 넣고 양념장을 만들어요.

4

냄비에 무, 다시마, 물 2종이컵을 붓고
끓인 뒤 물이 끓으면 다시마를 건져요.

5

tip 중간마다 양념을
끼얹으면 양념이 잘 배요.

④에 갈치, 양념장을 넣고 센 불에서
한소끔 끓여요. 국물이 끓으면 중약불로 줄여
15〜20분간 조려요.

6

대파와 청양고추를 넣고 한소끔 끓여
완성해요.

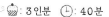

춘천 닭갈비 부럽지 않은 맛

닭갈비

닭갈비 먹으러 춘천까지 갈 필요 있나요?

여기 춘천 닭갈비 못지않은 맛을 자랑하는 닭갈비 황금 레시피를 소개합니다.

양념의 비결은 약간의 카레가루예요. 맛을 풍부하게 만들어주고 닭의 잡내를 잡아주죠.

기호에 따라 떡, 치즈, 라면 등을 넣어주면 아주 좋아요

만개의레시피
반찬요리 랭킹
12위

- 닭다리살 1팩(500g)
- 양파 1개
- 고구마 1개
- 당근 ⅔개
- 양배추 1줌(150g)
- 깻잎 10장
- 떡볶이떡 1종이컵

tip 닭다리살 대신 닭안심을
사용해도 돼요.

양념 재료

- 간장 5숟가락
- 고추장 3숟가락
- 고춧가루 3숟가락
- 맛술 3숟가락
- 설탕 2숟가락
- 들기름 2숟가락
- 카레가루 ½숟가락
- 다진 마늘 1숟가락
- 소금 약간
- 후추 약간

보관법

냉장실에서 2~3일, 냉동실에서는
15일 정도 보관할 수 있어요.
한 번에 먹을 양만큼 담아서
보관하면 편리해요. 깻잎은 빼고
보관하는 것이 좋아요.

1 양파는 채 썰고 고구마와 당근은 2등분 한 후
0.5cm 두께로 썰고 양배추, 깻잎, 닭다리살은
한입 크기로 썰어요.

2 볼에 양념 재료를 넣고 양념장을 만들어요.

3 양념장에 닭다리살을 버무려 20분간 재워요.

4 달군 팬에 식용유를 두르고 닭다리살(③),
고구마, 당근, 양배추, 양파, 떡볶이떡을 넣고
당근이 익을 때까지 중불로 익혀요.

5 약불로 줄인 뒤 깻잎을 넣고 30초간 더 볶아
완성해요.

튀기니까 더 좋아!

깐풍삼겹

🧁 : 2인분　🕐 : 30분

'깐풍' 하면 보통 닭고기로 만든 깐풍기부터 떠올리는데요. '깐풍'은 한자로 '건팽乾烹'으로,
소스를 마르게 졸여낸다는 의미를 가지고 있어요. 닭고기 대신 삼겹살을 이용하면
삼겹살 특유의 고소함이 더해지면서 씹을수록 고소한 요리가 완성된답니다.
느끼한 것을 좋아하지 않는 분이라면 지방 많은 삼겹살 대신 목살을 이용해도 좋아요.

만개의레시피
반찬요리 랭킹
13위

- 삼겹살 1팩(300g)
- 전분 3숟가락
- 다진 마늘 ½숟가락
- 양파 ¼개
- 대파 ⅙대
- 청고추 ⅙대
- 홍고추 ⅙대

삼겹살 밑간 재료

- 다진 마늘 ½숟가락
- 청주 1숟가락
- 소금 약간
- 후추 약간

양념 재료

- 설탕 1숟가락
- 간장 1숟가락
- 식초 1숟가락
- 굴소스 ½숟가락
- 물 2숟가락

선택 재료

- 양상추 1줌(70g)
- 다진 땅콩 1숟가락

보관법

냉장실에서 1~2일간 보관할 수 있어요. 양상추는 빼고 보관하는 것이 좋아요.

1 양파, 대파, 청고추, 홍고추는 다져요.

2 삼겹살은 한입 크기로 썰고 청주 1숟가락, 다진 마늘 ½숟가락, 소금, 후추로 밑간을 해요.

3 위생비닐에 밑간한 삼겹살과 전분을 넣고 흔들어요.

4 달군 팬에 식용유를 넉넉히 붓고 중불에서 삼겹살을 노릇하게 튀겨요.

5 달군 팬에 식용유를 두른 후 다진 마늘 ½숟가락, 양파, 대파를 넣어 약불로 볶아요.

6 양파가 투명해지면 청고추, 홍고추, 양념 재료를 넣고 끓여요.

7 ⑥에 튀겨 놓은 삼겹살(④)을 넣고 섞어요.

8 그릇에 한입 크기로 뜯은 양상추를 담고 튀긴 삼겹살을 올린 후 다진 땅콩을 뿌려 완성해요.

걸은 바삭, 속은 촉촉!
돼지고기 부럽지 않은

두부가스

: 2인분 : 20분

돼지고기 대신 두부를 이용하면 부드럽고 고소한 식감을 자랑하는 요리를
만들 수 있어요. 돼지고기 대신 이용할 수 있다는 점에서 비건 요리로도 손색이 없죠.
두부는 2cm 굵기로 도톰하게 썰어야 요리 중에 잘 부서지지 않는다는 점 잊지 마세요.

만개의레시피
반찬요리 랭킹
14위

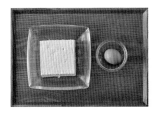

- 두부 1모(300g)
- 밀가루 ½종이컵
- 달걀 1개
- 빵가루 2종이컵
- 소금 약간
- 후추 약간

선택 재료

- 돈가스소스

보관법

냉장실에서 2~3일 보관할 수 있어요.
한 번에 먹을 양만큼 담아서
보관하면 편해요. 시간이 지나면
두부에서 수분이 나와 튀김옷이
눅눅해지니 빨리 먹는 것이 좋아요.

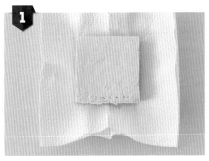

두부는 키친타월로 물기를 제거해요.

두부는 2등분 한 후 2cm 두께로 도톰하게
썰고 소금, 후추를 뿌려 밑간해요.

달걀을 풀고, 밑간을 한 두부에 밀가루 ➡
달걀물 ➡ 빵가루 순으로 튀김옷을 입혀요.

tip 돈가스소스에
찍어 먹으면 더욱 맛있어요.

팬에 식용유를 넉넉히 두르고 두부를 앞뒤로
노릇하게 튀겨 완성해요.

도시락 반찬 중에 단연 최고!

소고기 장조림

소고기장조림 하나 만들어놓으면 한 주 내내 든든해요. 간장 양념이 푹 밴 소고기 장조림을 밥에 올린 뒤 계란프라이 툭 얹으면 한 그릇 밥이 뚝딱 완성되고, 정갈하게 담아내면 보기에도 좋은 도시락 반찬이 됩니다. 누구 하나 싫어하는 사람이 없을 만큼 대중적인 사랑을 받는 메뉴이기도 하죠. 활용도 면에서 최고를 자랑하는 효자 반찬이에요.

만개의레시피
반찬요리 랭킹
15위

- 소고기 홍두깨살 1팩(300g)
- 표고버섯 2개
- 마늘 8개
- 건고추 3개
- 생강 1톨
- 대파 ½대
- 다시마(5×5㎝) 1장

tip 소고기 부위는 사태,
우둔살을 사용해도 괜찮아요.

양념 재료

- 간장 ⅔종이컵
- 맛술 ½종이컵
- 설탕 ¼종이컵
- 후추 약간
- 물 4종이컵

보관법

냉장실에서 2주 정도
보관할 수 있어요.

1 볼에 소고기를 넣고 잠길 만큼의 찬물을 부어
30분~1시간 핏물을 뺀 후 물기를 제거해요.

tip 고기의 크기에
따라 시간을 조절해요.

2 냄비에 소고기를 넣고 잠길 만큼 물을 부어
중불에서 15~20분간 삶아요.

3 삶은 소고기는 찬물에 헹궈 체에 밭쳐요.

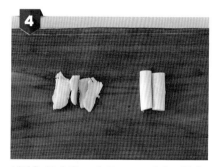

4 생강은 얇게 썰고 대파는 5cm 길이로 썰어요.

tip 완성된 소고기는
한 김 식힌 후 결대로 찢어요.

5 냄비에 삶은 소고기, 양념 재료, 통마늘,
생강, 대파, 건고추, 다시마, 표고버섯을 넣고
센 불로 끓여요. 양념이 끓으면 중약불로
줄여 고기가 익을 때까지 끓여 완성해요.

손쉽게 구할 수 있는 재료로 뚝딱!

옥수수
참치전

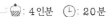 : 4인분   : 20분

어디서든 구할 수 있는 손쉬운 재료로 만들었어요.

만드는 법 또한 어렵지 않아요.

기름기를 뺀 참치와 물기를 뺀 옥수수를 반죽해 굽기만 하면 완성!

특별한 재료 없이도 뚝딱 만들 수 있어 술안주나 야식 메뉴로 아주 좋습니다.

만개의레시피
반찬요리 랭킹
16위

- 통조림 옥수수 ⅓캔(100g)
- 통조림 참치 1캔(200g)
- 양파 ¼개
- 피망 ¼개
- 달걀 2개
- 부침가루 2숟가락
- 소금 약간
- 후추 약간

보관법

냉장실에서 2일, 냉동실에서는
15일 정도 보관할 수 있어요.
한 번에 먹을 양만큼 담아서
보관하면 편리해요.

통조림 옥수수는 체에 밭쳐 물기를 빼요.

통조림 참치는 체에 밭쳐 기름을 빼요.

양파와 피망은 잘게 다져요.

볼에 ①, ②, ③과 달걀, 부침가루, 소금,
후추를 넣고 섞어 반죽을 만들어요.

tip 취향에 따라
케첩을 찍어 드세요.

달군 팬에 식용유를 두르고 반죽을 1숟가락
씩 떠서 올린 뒤 중약불에서 앞뒤로 2~3분
간 구워 완성해요.

간단 재료로 푸짐한 한상

간장콩불

🍚 : 4인분 🕐 : 30분

콩나물이 들어가 푸짐하게 먹을 수 있어요.

콩나물과 양파에서 나온 물로 자작해진 국물을 졸여가며 먹는 재미가 있답니다.

고추장이나 고춧가루가 들어가지 않아 아이들과 함께 먹기에도 그만이에요.

먹고 남은 양념에 밥을 볶아 먹으면 그 또한 별미 중의 별미죠.

만개의레시피
반찬요리 랭킹
17위

- 대패 삼겹살 2팩(600g)
- 콩나물 ½봉지(100g)
- 양파 1개
- 대파 1대

양념 재료

- 간장 7숟가락
- 다진 마늘 1숟가락
- 설탕 2숟가락
- 맛술 3숟가락
- 후추 약간

보관법

냉장실에서 하루 정도
보관할 수 있어요.
무른 채소가 많은 국물 요리는
냉동하지 않는 것이 좋아요.

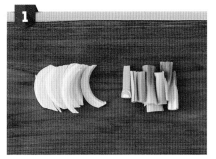

1 양파는 채 썰고 대파는 2등분 한 후 5cm
길이로 썰어요.

2 볼에 양념 재료를 넣고 양념장을 만들어요.

tip 양념이 너무
졸았다면 중간에 물을
조금 추가해요.

3 달군 팬에 식용유를 두르고 대패 삼겹살을
넣어 2~3분간 중불에서 볶아요.

4 양파, 대파, 양념장을 넣고 양파가 투명해지면
콩나물을 넣어 1~2분간 더 볶아 완성해요.

김치볶음밥

달걀죽

된장삼겹살덮밥

스팸마요덮밥

열무비빔밥

전복죽

삼겹살김치볶음밥

김치콩나물국밥

가츠동

콩나물밥

양배추베이컨볶음밥

가지밥

어묵볶음밥

꼬막비빔밥

고구마밥

전복볶음밥

한 그릇으로도 영양 만점!

밥 요리

한국인의 힘은 밥심! 영양도 맛도 훌륭한 한 그릇 밥 요리를 소개합니다.

두세 가지 재료로 뚝딱 만드는 간편 요리부터 냉장고에 남아있는 자투리 채소를 활용한

아이디어 요리까지 적재적소에 활용할 수 있는 레시피를 담았어요.

반찬 없을 때
한 그릇 뚝딱!

김치볶음밥

반찬 없을 때도 뚝딱 만들어 먹을 수 있는 효자 요리!

햄, 베이컨, 해물, 참치, 치즈 등 무엇이든 잘 어울리기 때문에 냉장고에 있는 재료로 언제든지 만들 수 있어요. 잘 볶아진 김치만으로 기본 이상의 맛을 내기 때문에 실패가 없는 요리랍니다.

만개의레시피
밥요리 랭킹
01위

- 익은 배추김치 1종이컵
- 대파 ½대
- 통조림 햄 ⅓캔(65g)
- 밥 1공기
- 달걀 1개
- 참기름 1숟가락

tip 찬밥이나 미지근한 밥을
사용해야 고슬고슬해요.

양념 재료

- 굴소스 ⅓숟가락
- 설탕 ⅓숟가락
- 고춧가루 ¼숟가락

보관법

냉장실에서 2일, 냉동실에서는
15일 정도 보관할 수 있어요.
1인분씩 담아서 보관하면 편리해요.

tip 통조림 햄을 뜨거운
물에 살짝 데친 후에 사용하면
덜 짜고 불순물도 빠져요.

대파는 송송 썰고 통조림 햄과 배추김치는
작게 썰어요.

달군 팬에 식용유를 두르고 달걀 프라이를
해요.

달군 팬에 식용유를 두르고 대파를 넣어
중불에서 볶아요.

파 향이 나면 배추김치를 넣고 1~2분간
볶다가 통조림 햄을 넣어 볶아요.

④에 밥과 양념 재료를 넣고 센 불에서
2~3분간 더 볶은 후 불을 끄고 참기름을
넣어 섞어요.

그릇에 볶음밥을 담고 달걀 프라이를 올려
완성해요.

세 가지 재료로 만드는
속 편한

달걀죽

🍚 : 1인분   🕐 : 30분

달걀, 밥, 대파 오직 이 세 가지 재료로 만들 수 있어요.
소화가 잘 안 되거나 더부룩할 때 먹기 좋습니다. 속을 부드럽게 달래주는
포근한 음식이라 자극적인 음식으로 지친 위장을 쉬게 할 수 있어요.

만개의레시피
밥요리 랭킹
02위

- 달걀 1개
- 밥 ⅔공기
- 대파 ⅙대

양념 재료

- 국간장 ½숟가락
- 소금 ½숟가락
- 참기름 1숟가락
- 통깨 1숟가락

육수 재료

- 멸치 8마리
- 다시마(5×5cm) 1장
- 물 4종이컵

보관법

냉장실에서 1일, 냉동실에서는
15일 정도 보관할 수 있어요.
1인분씩 담아서 보관하면 편리해요.

> tip 물이 끓으면
> 다시마를 건져야 육수가
> 탁해지지 않아요.

1 냄비에 육수 재료를 넣고 센 불로 가열해요.
끓으면 다시마를 건지고 10분간 더 끓인 후
멸치를 건져 육수를 만들어요.

2 육수에 밥을 넣고 밥알이 반 정도 퍼지게
중불로 저어가며 끓여요.

3 달걀을 풀고 밥알이 반 정도 퍼지면
달걀물을 붓고 중약불로 줄여요.

> tip 소금과 국간장은
> 먹기 직전에 넣어야 죽이
> 삭지 않아요.

4 대파는 송송 썰고 밥알이 완전히 퍼지면
양념 재료, 대파를 넣고 섞어 완성해요.

된장
삼겹살덮밥

🍚 : 1인분   🕐 : 30분

된장과 삼겹살이 만나면 고소하고 감칠맛 나는 향이 절로 군침을 돌게 만들어준답니다.
환상궁합을 자랑하는 된장삼겹살이니 더 이상의 반찬은 필요하지 않아요.
맛있고 든든한 한 그릇 요리 완성!

만개의레시피
밥요리 랭킹
03위

- 대패삼겹살 ⅔팩(200g)
- 양파 ½개
- 쪽파 1대
- 밥 1공기

양념 재료

- 설탕 1숟가락
- 간장 ½숟가락
- 맛술 1숟가락
- 된장 1숟가락
- 다진 마늘 ½숟가락
- 올리고당 1숟가락
- 참기름 1숟가락
- 물 2숟가락

보관법

밥 없이 된장삼겹살만 냉장실에서
1일, 냉동실에서는 15일 정도
보관할 수 있어요. 1인분씩 담아서
보관하면 편리해요.

양파는 채 썰고 쪽파는 송송 썰어요.

볼에 양념 재료를 넣고 양념장을 만들어요.

대패삼겹살에 양념장을 넣고 버무려요.

달군 팬에 식용유를 두르고 양파를 넣어
중약불에서 볶아요.

양파가 투명해지면 양념한 대패삼겹살을
넣고 볶아요.

대패삼겹살이 익으면 밥 위에 올린 후
쪽파를 뿌려 완성해요.

스팸 하나로 맛있는 한 끼 뚝딱!

스팸
마요덮밥

요리를 잘하지 못하는 사람도 어렵지 않게 도전해볼 수 있는 요리예요.
흰 쌀밥에 스팸 한 조각만 올려도 충분히 맛있는데, 채소와 스팸을 넣고
볶은 밥에 마요네즈까지 올리니 맛이 없으려 해도 없을 수 없는 요리죠.
간단하고 맛있게 한 끼 뚝딱 해결하기 좋아요.

만개의레시피
밥요리 랭킹
04위

- 스팸 ½캔(100g)
- 양파 ½개
- 쪽파 1대
- 달걀 2개
- 밥 1공기
- 마요네즈 약간

양념 재료

- 간장 2숟가락
- 맛술 2숟가락
- 설탕 ⅓숟가락
- 후추 약간

보관법

오래 보관하면 온도변화에 따라
마요네즈가 상할 수 있어 빨리
먹는 것이 좋아요.

1

양파는 채 썰고 쪽파는 송송 썰고 스팸은
작게 깍둑 썰어요.

2

볼에 달걀 2개를 풀어요. 달군 팬에 식용유를
두른 후 달걀물을 붓고 젓가락으로 저어가며
스크램블을 만들어요.

tip 스팸을 뜨거운 물에
살짝 데친 후에 사용하면 덜 짜고
불순물도 빠져요.

3

달군 팬에 식용유를 약간 두르고 스팸을
노릇하게 구워요.

4

다른 팬에 양념 재료, 양파, 스팸을 넣고
중약불에서 졸여요.

5

밥 ⇨ 스크램블 ⇨ ④ 순으로 올린 후
마요네즈, 쪽파를 뿌려 완성해요.

입맛이 없을 때는
새콤매콤

열무비빔밥

입맛이 없을 때는 매콤한 자극이 필요해요.

이럴 때 냉장고에 있는 열무김치를 꺼내 쓱싹 비벼주세요.

불을 사용하지 않고도 냉장고에 있는 열무김치 하나로 뚝딱 만들 수 있는 요리예요.

거기에 통조림 참치까지 더하면 속은 든든하고 맛있는 열무비빔밥 완성!

만개의레시피
밥요리 랭킹
05위

- 열무김치 1종이컵
- 통조림 참치 ½캔(100g)
- 밥 1공기
- 달걀 1개
- 통깨 약간

- 고추장 1숟가락
- 올리고당 1숟가락
- 간장 1숟가락
- 다진 마늘 ⅓숟가락
- 참기름 1숟가락
- 통깨 1숟가락

보관법

요리해서 바로 드시는 것이 좋아요.

열무김치는 한입 크기로 썰고 통조림 참치는 체에 밭쳐 기름을 제거해요.

볼에 양념 재료를 넣고 양념장을 만들어요.

달군 팬에 식용유를 두르고 달걀프라이를 해요.

그릇에 밥과 열무김치, 통조림 참치, 양념장을 담고 달걀프라이, 통깨를 올려 완성해요.

기력이 떨어질 때
홈메이드

전복죽

전복은 바다에서 나는 산삼으로 알려질 정도로 우리 몸에 좋은 식품인데요.
그만큼 전복죽은 대표적인 보양식 중의 하나입니다. 기력이 떨어진다 싶을 때
전복 가득 들어있는 전복죽을 만들어보세요. 내장을 버리지 않고 다져 넣는 것이
전복죽의 고소함을 살리는 비결이에요. 맛도 영양도 최고인 전복죽으로 기력 보충하세요.

만개의레시피
밥요리 랭킹
06위

- 전복 3개
- 쌀 1종이컵
- 소금 ¼숟가락
- 참기름 2숟가락
- 통깨 ¼숟가락

보관법

냉장실에서 1일, 냉동실에서
15일 정도 보관할 수 있어요.
1인분씩 담아서 보관하면
편리해요.

쌀은 깨끗이 씻어 찬물에 30분간 담가
불려요.

전복은 깨끗한 솔로 씻은 뒤 살과 껍질 사이에
숟가락을 밀어 넣어 살과 분리해요.
칼로 이빨을 제거하고 내장은 따로 둬요.

손질한 전복을 얇게 썰고 내장은 다져요.

냄비에 참기름을 두르고 전복을 넣어 볶아요.

전복의 색이 변하면 불린 쌀을 넣고
볶아요.

쌀알이 투명해지면 내장을 넣고 볶다가
물 5종이컵을 붓고 쌀알이 퍼질 때까지
중약불에서 저어가며 끓여요.

tip 소금은 먹기 직전에
넣어야 죽이 삭지 않아요.

소금을 넣어 간을 하고 통깨를 뿌려
완성해요.

집에서 즐기는 고깃집 별미!

삼겹살
김치볶음밥

🍚 : 1인분   ⏲ : 30분

삼겹살을 구워 먹고 마지막에 밥을 볶아 먹는 것이 별미잖아요.
어떤 사람들은 삼겹살보다 볶음밥을 더 좋아하기도 하는데요. 그 맛을 그대로 재현한
삼겹살김치볶음밥이에요. 삼겹살에서 나온 돼지기름이 밥을 고소하고 맛깔스럽게
만들어준답니다. 고깃집 런치메뉴로도 손색없을 참신한 레시피예요.

만개의레시피
밥요리 랭킹
07위

- 삼겹살 2줄
- 익은 배추김치 1종이컵
- 밥 1공기
- 대파 ½대

양념 재료

- 간장 1숟가락
- 고춧가루 ½숟가락
- 고추장 ½숟가락
- 설탕 ½숟가락
- 참기름 ½숟가락
- 후추 약간

선택 재료

- 달걀프라이 1개
- 통깨 약간

보관법

냉동실에서 15일 정도 보관할 수 있어요. 1인분씩 담아서 보관하면 편리해요.

대파는 송송 썰고 배추김치는 먹기 좋은 크기로 썰어요.

볼에 양념 재료를 넣고 양념장을 만들어요.

달군 팬에 삼겹살을 올려 노릇하게 구워요.

팬에 한입 크기로 자른 삼겹살과 대파, 배추김치를 넣고 중불에서 볶아요.

tip 취향에 따라 달걀프라이와 통깨를 올려 드시면 더욱 맛있어요.

배추김치가 익으면 밥과 양념장을 넣어 센 불에서 2~3분간 더 볶아 완성해요.

얼큰하고 시원한

김치
콩나물국밥

4인분　⏲ : 30분

멸치육수와 콩나물, 김치가 만나 얼큰하고 시원해요.
간은 오로지 소금과 새우젓으로만 해요.
그래야 군더더기 없는 깔끔한 맛을 낸답니다.
뜨끈한 한 끼로도 좋고, 해장메뉴로도 손색이 없어요.

만개의레시피
밥요리 랭킹
08위

- 콩나물 1봉지(200g)
- 배추김치 1종이컵
- 대파 ¼대
- 청양고추 1개
- 밥 1공기
- 달걀 1개
- 김가루 약간

양념 재료

- 소금 약간
- 다진 마늘 ½숟가락
- 고춧가루 1숟가락
- 새우젓 1숟가락

육수 재료

- 멸치 15마리
- 다시마 2장
- 물 8종이컵

보관법

요리해서 바로 드시는 것이 좋아요.

1 대파와 청양고추는 송송 썰고 배추김치는 한입 크기로 썰어요. 콩나물은 다듬어 깨끗이 씻고 물기를 빼요.

tip 물이 끓으면 다시마를 건져야 육수가 탁해지지 않아요.

2 냄비에 육수 재료를 넣고 센 불에서 한소끔 끓으면 다시마를 건지고 10분간 더 끓인 뒤 멸치를 건져요.

3 끓는 육수에 콩나물을 넣고 센 불로 10분간 끓여요.

4 콩나물이 살짝 숨이 죽으면 배추김치, 양념 재료, 청양고추를 넣고 한소끔 끓여요.

5 뚝배기에 밥과 ④, 대파를 담고 날달걀과 김가루를 올려 완성해요.

부드럽고 촉촉해!

가츠동

밥 위에 돈가스를 얹은 일본식 덮밥 요리예요.
잘 튀겨진 돈가스가 달걀물과 어우러져 부드럽고 촉촉하게
넘어가는 점이 이 요리의 매력이죠.
자극적이지 않아서 어른 아이 할 것 없이 모두 좋아해요.

만개의레시피
밥요리 랭킹
09위

- 시판 돈가스 1장
- 양파 ¼개
- 달걀 1개
- 밥 1공기
- 파채 ½종이컵
- 가쓰오부시 2숟가락

양념 재료

- 다시마육수 ⅔종이컵
- 간장 2숟가락
- 설탕 1숟가락
- 맛술 1숟가락
- 후추 약간

tip 다시마 육수는 찬물에 다시마 3~4장을 넣고 하루 동안 우려요.

보관법

시간이 지나면 돈가스가 수분을 흡수해 튀김옷이 벗겨지니 빨리 먹는 것이 좋아요.

tip 식용유에 돈가스 튀김옷을 떨어트렸을 때 냄비 바닥에 닿았다가 바로 떠오르면 튀기기 알맞은 온도예요.

양파는 채 썰어요.

달군 팬에 식용유를 넉넉히 붓고 시판 돈가스를 노릇하게 튀긴 후 한입 크기로 길게 썰어요.

팬에 양념 재료, 양파를 넣고 중약불에서 끓어오르면 달걀물을 붓고 촉촉할 정도로 익혀요.

볼에 밥과 돈가스를 담고 ③를 부은 후 파채, 가쓰오부시를 올려 완성해요.

쓱쓱 비벼 먹으면 꿀맛!

콩나물밥

3인분 · 1시간

속이 허할 때 고기를 먹으면 힘이 나기도 하지만
이렇게 속 편한 밥을 해 먹으면 에너지가 솟아오르기도 해요.
콩나물밥에 간장양념 넣고 쓱쓱 비비면 반찬이 필요 없는 훌륭한 한 그릇 밥이
완성됩니다. 지친 하루, 에너지 보충을 위한 콩나물밥은 어떨까요?

만개의레시피
밥요리 랭킹
10위

- 쌀 3종이컵
- 콩나물 1+¼봉지(250g)
- 다시마(5×5cm) 1장

양념 재료

- 쪽파 2대
- 고춧가루 1숟가락
- 설탕 ½숟가락
- 간장 4숟가락
- 다진 마늘 ⅗숟가락
- 참기름 1숟가락
- 통깨 ½숟가락

보관법

콩나물의 수분이 빠지면서
질겨지니 가능한 빨리 드세요.

1

쌀은 깨끗이 씻어 찬물에 30분간 담가
불려요.

2

쪽파는 송송 썰어요. 볼에 양념 재료와 쪽파를
넣고 양념장을 만들어요.

3

Tip 완성된 밥 위에
양념장을 취향껏 넣어
비벼 드세요.

전기밥솥에 물기를 뺀 쌀, 콩나물, 다시마, 물 3+⅓종이컵을
넣어 밥을 짓고 양념장과 곁들여 완성해요.

아삭아삭 씹는 맛이 좋은

양배추베이컨 볶음밥

양배추의 아삭함과 베이컨의 고소함이 더해진 볶음밥이에요.
양배추는 불에 오래 익히면 흐물거리기 쉬우니 마지막에 넣고
후닥닥 볶아주어야 특유의 아삭거림을 잘 살릴 수 있습니다.
냉장고에 숨어있던 양배추를 꺼내 맛있는 볶음밥을 완성해보세요.

만개의레시피
밥요리 랭킹
11위

- 양배추 4장
- 베이컨 4줄
- 대파 ½대
- 빨강파프리카 ¼개
- 양파 ¼개
- 달걀 1개
- 밥 1공기

양념 재료

- 굴소스 ½숟가락
- 간장 1+½숟가락
- 후추 약간

보관법

냉장실에서 2일, 냉동실에서는
15일 정도 보관할 수 있어요.
1인분씩 담아서 보관하면 편리해요.

1 대파는 송송 썰고 양배추, 양파, 빨강파프리카,
베이컨은 한입 크기로 썰어요. 달걀은 곱게
풀어요.

2 달군 팬에 식용유를 두르고 대파와 양파를
넣어 중불에서 볶아요.

3 파 향이 나면 베이컨, 양배추, 빨강파프리카
순으로 넣어 볶아요.

4 채소가 다 볶아지면 한쪽으로 밀어둔 후
달걀물을 붓고 스크램블을 만들어요.

5 스크램블이 완성되면 채소와 섞고 양념 재료,
밥을 넣어 센 불에서 2~3분간 더 볶아 완성해요.

가지 싫어하는 사람들의
입맛까지 사로잡는

가지밥

: 3인분   : 50분

주변에 보면 가지를 유독 싫어하는 사람들이 있는데요.
가지밥은 그런 사람들까지 사로잡을 만큼 매력 있는 요리예요.
고소한 돼지고기와 푹 익은 가지를 양념장에 쓱쓱 비비면
이제껏 맛본 적 없던 감칠맛을 느낄 수 있습니다.

만개의레시피
밥요리 랭킹
12위

- 쌀 3종이컵
- 다진 돼지고기 ¼종이컵(70g)
- 가지 1개
- 대파 ½대
- 쪽파 1대
- 간장 1숟가락
- 맛술 1숟가락

양념 재료

- 간장 1숟가락
- 고춧가루 ½숟가락
- 들기름 ½숟가락
- 통깨 ½숟가락

보관법

시간이 지날수록 가지에서
수분과 색깔이 빠지고, 가지가
질겨지니 빨리 먹는 것이 좋아요.

1 쌀은 깨끗이 씻어 찬물에 30분간 담가
불려요.

2 가지는 2등분 한 후 반달썰기 하고 쪽파와
대파는 송송 썰어요.

3 팬에 식용유를 두르고 대파를 넣어 중불에서
볶다가 파 향이 나면 다진 돼지고기를 넣어
볶아요.

4 돼지고기의 핏기가 없어지면 가지, 간장,
맛술을 넣고 1∼2분간 볶아요.

5 볼에 양념 재료와 쪽파를 넣고 양념장을
만들어요.

tip 가지에서 물이 나오기
때문에 평소 밥 지을 때보다
물을 약간 줄여 넣어요.

6 전기밥솥에 물기를 뺀 쌀, ④, 물 2+⅔종이컵을
넣어 밥을 짓고 양념장과 곁들여 완성해요.

쫄깃한 어묵으로
만드는 간단요리

어묵볶음밥

: 1인분 : 20분

어묵을 기름에 볶으면 쫄깃한 식감이 더 살아나죠.
그 식감을 제대로 살린 어묵볶음밥이에요. 특별한 재료 없이 어묵만으로
만들 수 있어서 반찬 없을 때 한 끼 해결하기 좋은 메뉴랍니다.
애매하게 남은 어묵을 처리하기에도 좋은 요리예요.

만개의레시피
밥요리 랭킹
13위

- 사각 어묵 1장
- 양파 ¼개
- 대파 ¼대
- 밥 1공기
- 달걀 1개

양념 재료

- 간장 ½숟가락
- 굴소스 ½숟가락
- 참기름 1숟가락
- 통깨 ½숟가락

보관법

냉장실에서 2일, 냉동실에서는
15일 정도 보관할 수 있어요.
1인분씩 담아서 보관하면 편리해요.

1 양파는 다지고 대파는 송송 썰고 사각 어묵은
한입 크기로 썰어요. 달걀은 곱게 풀어요.

2 팬에 식용유를 두르고 대파를 넣어 중불에서
볶다가 파 향이 나면 양파와 어묵을 넣어
볶아요.

3 양파가 투명해지면 한쪽으로 밀어두고
달걀물을 부은 뒤 저어가며 익혀요.

4 ③에 밥과 양념 재료를 넣어 센 불에서
2~3분간 더 볶아 완성해요.

전국을 사로잡은 그 요리!

꼬막비빔밥

🍚 : 3인분   ⏱ : 30분

강릉의 한 식당에서 팔던 것이 유명해지면서 지금은 전국을 사로잡은 메뉴로 등극했어요. 그 유명한 꼬막비빔밥을 집에서 만들어보세요. 꼬막을 삶을 때는 꼭 한쪽 방향으로만 저어주어야 껍데기를 손쉽게 깔 수 있답니다. 여기에 매콤 짭조름하게 만든 양념장을 넣고 비비면 강릉 식당 부럽지 않죠. 손이 가는 만큼 맛있는 요리예요.

만개의레시피
밥요리 랭킹
14위

- 꼬막 1팩(1kg)
- 쪽파 10대
- 청고추 1개
- 홍고추 1개
- 밥 3공기
- 소주 2숟가락
- 소금 1숟가락
- 참기름 약간
- 통깨 약간

양념 재료

- 간장 4숟가락
- 고춧가루 2숟가락
- 맛술 1숟가락
- 올리고당 1숟가락
- 다진 마늘 1숟가락
- 참기름 1숟가락
- 통깨 1숟가락

보관법

오래 보관하면 꼬막에서
수분이 빠져나오니 빨리
먹는 것이 좋아요.

1

꼬막은 비벼가며 맑은 물이 나올 때까지
잘 씻은 후 소금 1숟가락을 넣은 물에 담가
쿠킹 호일을 덮고 30분 이상 해감해요.

2

> tip 한쪽 방향으로 저어야
> 꼬막 살이 한쪽으로 붙어 쉽게
> 살을 발라낼 수 있어요.

끓는 물에 꼬막과 소주를 넣고 한쪽 방향으로
저어 꼬막이 입을 벌릴 때까지 삶아 건져
살만 발라요.

3

쪽파, 청고추, 홍고추는 송송 썰어요.

4

볼에 양념 재료를 넣고 양념장을 만들어요.

5

> tip 마지막에
> 참기름과 통깨를 넣어요.

볼에 살을 발라낸 꼬막, 손질한 채소(③), 양념장을
넣고 잘 버무려요. 밥 위에 양념꼬막을 올려 완성해요.

밥만 먹어도 맛있는 달달한

고구마밥

: 3인분   : 50분

특별한 양념장 없이 고구마의 부드럽고 달달한 맛으로 충분히 맛있게 먹을 수 있어요.
아이들은 물론, 어른들의 속 편한 한 끼로 손색이 없죠.
고구마 하나로 어렵지 않게 한 끼 해결해보세요.

만개의레시피
밥요리 랭킹
15위

- 쌀 2종이컵
- 고구마 2개
- 다시마(5×5cm) 1장

보관법

냉장실에서 2일, 냉동실에서는
15일 정도 보관할 수 있어요.
1인분씩 담아서 보관하면 편리해요.

쌀은 깨끗이 씻어 찬물에 30분간 담가
불려요.

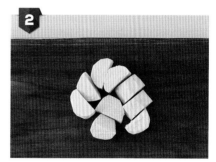

고구마는 껍질을 벗기고 한입 크기로
썰어요.

tip 다시마를 넣으면
고구마를 부드럽게 만들고
감칠맛을 더해줘요.

전기밥솥에 물기를 뺀 쌀, 다시마, 고구마,
물 2종이컵을 넣고 밥을 지어 완성해요.

고소한 별미 요리

전복볶음밥

 1인분 ⏲ : 30분

전복만으로 충분히 맛있는 맛을 내는 요리예요.

전복볶음밥에서 맛을 좌우하는 것이 있다면 전복 살이 아닌 바로 전복 내장.

내장이라고 해서 쌉싸래할 것이라는 편견을 버리고 밥과 함께 볶아보세요.

전복볶음밥 특유의 고소한 맛은 내장에 있다고 해도 과언이 아닙니다.

만개의레시피
밥요리 랭킹
16위

- 전복 2개
- 양파 ⅛대
- 당근 ⅛대
- 대파 ½대
- 밥 1공기
- 참기름 1숟가락
- 통깨 ½숟가락

양념 재료

- 맛술 1숟가락
- 굴소스 ½숟가락
- 간장 ½숟가락

보관법

냉장실에서 2일, 냉동실에서는
15일 정도 보관할 수 있어요.
1인분씩 담아서 보관하면 편리해요.

양파와 당근은 다지고 대파는 송송 썰어요.

전복은 깨끗한 솔로 씻은 뒤 살과 껍질 사이에
숟가락을 밀어 넣어 살과 분리해요.
칼로 이빨을 제거하고 내장은 따로 둬요.

손질된 전복은 얇게 썰고, 내장은 다져요.

달군 팬에 식용유를 두르고 대파를 넣어
약불로 볶아요.

파 향이 나면 양파, 당근, 전복 순으로
넣고 중불로 볶아요.

밥과 내장을 넣고 1~2분간 볶아요.

양념 재료를 넣고 섞은 뒤 불을 끄고
참기름, 통깨를 넣어 완성해요.

부대찌개

된장찌개

돼지고기김치찌개

소고기뭇국

순두부찌개

콩나물국

오징어뭇국

꽃게탕

소고기미역국

배추된장국

동태찌개

우럭매운탕

홍합어묵탕

매콤순대전골

소고기버섯전골

반찬이 필요 없는

국물 요리

열 반찬 부럽지 않은 제대로 된 국물요리! 찌개부터 탕, 국까지 조미료 없이도

깊고 시원하고 진한 국물을 내는 황금 비법을 공개합니다.

제철재료부터 사시사철 먹을 수 있는 재료를 활용하는 방법까지 국물요리의 모든 것을 담았어요.

진한 국물 맛이 일품

부대찌개

📏 : 3인분   🕐 : 30분

부대찌개의 맛을 좌우하는 것은 부대찌개에 들어가는 양념장이에요.

고춧가루와 된장, 다진 마늘, 국간장, 설탕을 알맞은 비율로 섞어야 칼칼하고 깊은 맛을 내는
부대찌개 국물을 맛볼 수 있답니다. 여기에 라면 사리가 빠지면 섭섭하겠지요?

처음부터 넣으면 국물이 금방 걸쭉해지니 중간 정도 먹다가 넣는 게 좋아요.

만개의레시피
국물요리 랭킹
01위

- 배추김치 ⅔종이컵
- 비엔나소시지 18개(150g)
- 통조림 햄 1캔(200g)
- 두부 ⅓모(100g)
- 시판 사골육수 1봉지(500ml)
- 대파 3대
- 홍고추 1개
- 청양고추 2개
- 떡볶이떡 1줌(50g)

양념 재료

- 고춧가루 4숟가락
- 된장 ½숟가락
- 다진 마늘 2숟가락
- 국간장 2숟가락
- 설탕 ½숟가락
- 물 2숟가락

보관법

냉장실에서 2일 정도
보관할 수 있어요.

두부는 깍둑 썰고 대파, 홍고추와 청양고추
어슷 썰고 통조림 햄은 0.5cm 두께로 썰어요.
비엔나소시지는 2~3군데 어슷하게 칼집을
내고 배추김치는 2cm 두께로 썰어요.

볼에 양념 재료를 넣고 양념장을 만들어요.

냄비에 두부, 떡볶이떡, 비엔나소시지,
통조림 햄, 배추김치, 양념장을 넣은 뒤
시판 사골육수를 붓고 센 불에서 10분간
끓여요.

홍고추, 청양고추, 대파를 넣고 중불에서
2~3분간 더 끓여 완성해요.

사계절 어울리는
찌개 요리

된장찌개

🍚 : 4인분 🕐 : 30분

된장찌개만큼 사계절 다 어울리는 요리가 있을까요? 봄에는 쑥과 냉이, 여름에는 다양한
푸성귀, 가을에는 무와 배추, 겨울에는 시금치, 봄동까지 제철 채소를 넣어 끓여주면
계절 냄새 물씬 풍기는 된장찌개가 완성됩니다. 다양한 채소를 넣어주더라도 감자와
호박, 버섯, 두부는 빼놓지 않고 넣어야 할 필수 재료 중의 하나라는 것 잊지 마세요.

만개의레시피
국물요리 랭킹
02위

- 감자 2개
- 양파 1개
- 애호박 ⅓개
- 표고버섯 3개
- 두부 ½모(150g)
- 대파 1대
- 청양고추 1개

양념 재료
- 된장 3숟가락
- 다진 마늘 1숟가락
- 고춧가루 ½숟가락

육수 재료
- 국물용 멸치 10마리
- 다시마(5×5cm) 1장
- 대파 뿌리 1개
- 표고버섯 밑동 3개
- 물 5종이컵

보관법
냉장실에서 2일 정도
보관할 수 있어요.

1

표고버섯은 밑동을 제거해 두부, 양파와 함께
깍둑 썰고 감자와 애호박은 4등분 한 후 0.5cm
두께로 썰고 대파, 청양고추는 어슷 썰어요.

2

tip 물이 끓으면
다시마를 건져야 육수가
탁해지지 않아요.

냄비에 육수 재료를 넣고 센 불로 가열해요.
한소끔 끓으면 다시마를 건지고 10분간 더
끓인 후 건더기를 체로 건져요.

3

냄비에 감자와 육수를 넣고 중불로 5분간
끓여요.

4

육수가 끓어오르면 애호박과 양파를 넣고
한소끔 끓여요.

5

tip 시판 된장을 사용할 경우에는
마지막에 된장을 풀고 짧게 끓여야
텁텁함이 없어요. 재래식 집된장을 사용할
때는 감자를 넣을 때(③) 된장을
풀어야 깊은 맛이 나요.

된장을 풀고 다진 마늘, 고춧가루, 표고버섯, 대파,
두부, 청양고추를 넣고 한소끔 끓여 완성해요.

온 국민의 소울푸드

돼지고기
김치찌개

김치찌개만큼 온 국민의 사랑을 받는 요리도 없죠.
그래서인지 몰라도 공항 식당에서 가장 인기 있는 메뉴 역시 김치찌개라고 해요.
만드는 법은 아주 쉬워요. 돼지고기 숭덩숭덩 썰어 넣어
김치가 푹 퍼질 정도로 끓여주면 언제, 어디서 먹어도 맛있는 김치찌개 완성!

만개의레시피
국물요리 랭킹
03위

- 돼지고기 목살 1팩(300g)
- 신김치 ½팩(200g)
- 김치국물 ⅓종이컵
- 양파 ½개
- 청양고추 2개
- 대파 1대
- 참기름 1숟가락

양념 재료

- 고추장 1숟가락
- 국간장 1숟가락
- 다진 마늘 1숟가락
- 맛술 1숟가락
- 소금 약간
- 후추 약간

보관법

냉장실에서 2일 정도
보관할 수 있어요.

1

양파는 채 썰고 대파, 청양고추는 어슷 썰고
신김치는 2cm 두께로 썰고 돼지고기 목살은
1cm 두께로 깍둑 썰어요.

2

볼에 양념 재료를 넣고 양념장을 만들어요.

3

양념장에 돼지고기 목살을 버무려
10~20분간 재워요.

4

달군 냄비에 참기름을 두르고 신김치,
돼지고기 목살, 양파를 넣어 중약불에서
3~4분간 볶아요.

5

김치국물, 물 3종이컵을 넣어 센 불로
가열하고 끓어오르면 중불로 줄여 5분간
더 끓여요.

6

tip 마지막에 간을 보고
부족하면 소금을 더해요.

청양고추, 대파를 넣어 한소끔 끓여
완성해요.

뭉근하게 끓여 기운 보충!

소고기뭇국

🍚 4인분   ⏱ 30분

무는 국으로 끓이면 달달하고 시원한 맛을 내줘요.
뭉근하게 오래 끓일수록 맛이 깊어지죠. 거기에 소고기가 더해지니 감칠맛이 배가돼요.
먹을수록 힘이 불끈불끈 솟아나서 기력 보충에 특히 좋아요.
기가 허한 날 스스로를 위해 끓여보세요.

만개의레시피
국물요리 랭킹
04위

- 소고기 양지 ⅔팩(250g)
- 무 ⅓개(400g)
- 대파 1대
- 참기름 2숟가락

양념 재료

- 국간장 1+½숟가락
- 소금 약간
- 후추 약간

보관법

냉장실에서 2일 정도
보관할 수 있어요.

tip 소고기 양지는
키친타월로 감싸 핏물을
없애요.

무는 나박 썰고 대파는 어슷 썰고 소고기
양지는 한입 크기로 썰어요.

냄비에 참기름을 두르고 소고기를 가볍게
볶다가 무를 넣고 중불에서 무가 투명해질
때까지 볶아요.

tip 중간에 생기는 거품은
걷어내야 보다 깔끔해져요.

물 7종이컵을 붓고 센 불에서 한소끔
끓어오르면 중약불로 무가 익을 때까지
끓어요.

양념 재료, 대파를 넣고 한소끔 끓여
완성해요.

순두부찌개

으스스한 날 칼칼하고 매콤하게!

순두부찌개는 은근히 맛을 내기 어렵다고 생각하기 쉬운데요.
첫 번째 맛의 비결은 기름에 채소와 고기를 볶을 때 고춧가루를 함께 넣어 고추기름을
내는 것이고, 두 번째 맛의 비결은 새우젓으로 간을 하는 것이랍니다. 거기에 청양고추까지
더하면 으스스한 기운을 썩 물리쳐주는 칼칼하고 매콤한 순두부찌개 완성!

만개의레시피
국물요리 랭킹
05위

- 순두부 1봉지
- 다진 돼지고기 ⅓팩(100g)
- 양파 ½개
- 대파 ½대
- 청양고추 3개
- 애호박 ¼개
- 달걀 1개

양념 재료

- 국간장 1숟가락
- 고춧가루 3숟가락
- 맛술 2숟가락
- 다진 마늘 1숟가락
- 새우젓 1숟가락
- 후추 약간

보관법

냉장실에서 2일 정도
보관할 수 있어요.

1

양파는 깍둑 썰고 애호박은 0.5cm 두께로
반달썰기 하고 대파와 청양고추는 어슷 썰어요.

2

뚝배기에 식용유를 두르고 대파를 넣어
약불에서 볶아요.

3

파 향이 나면 다진 돼지고기와 맛술을 넣고
중약불에서 볶아요.

4

다진 마늘, 양파, 국간장, 고춧가루를 넣고
양파가 투명해질 때까지 볶아요.

5

애호박과 물 2종이컵을 넣고 5분간 끓인 뒤
순두부를 숟가락으로 떠 넣고 3분간 더 끓여요.

6

청양고추, 후추, 새우젓을 넣고 달걀을 넣어
1~2분간 더 끓여 완성해요.

시원하고 개운한

콩나물국

: 3인분 : 20분

막상 요리를 해보면 나물무침이나 콩나물국처럼 특별한 간이 필요 없는 요리가 더 어렵게 느껴질 때가 있어요. 나물요리도 그렇고 콩나물국도 그렇고 재료 본연의 맛을 살려야 하기 때문에 타이밍과 간 맞춤은 필수랍니다. 하지만 걱정하지 마세요. 국간장과 새우젓만 있다면 시원하고 깔끔한 콩나물국을 만들 수 있습니다.

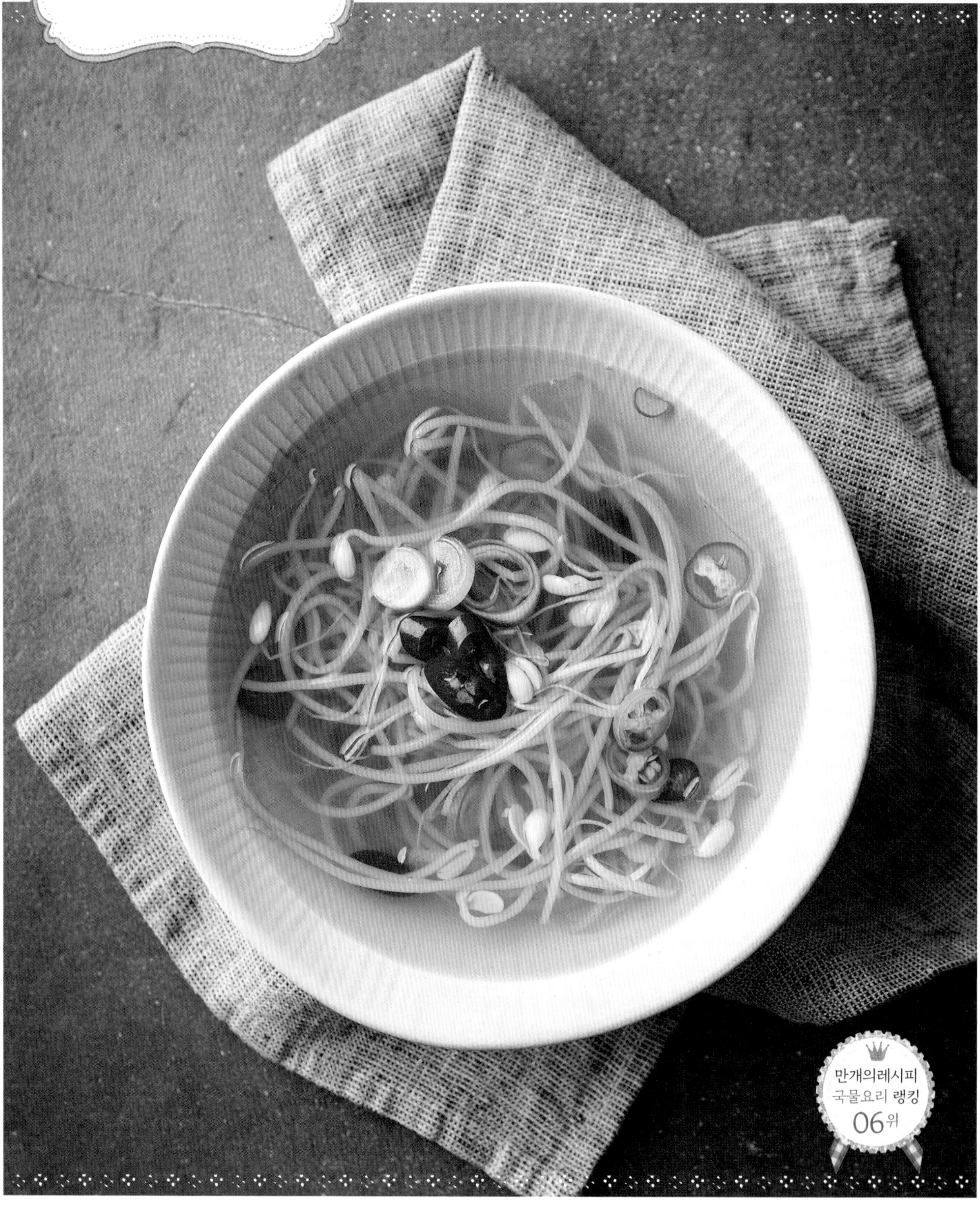

만개의레시피
국물요리 랭킹
06위

- 콩나물 ⅔봉지(150g)
- 대파 1대
- 청양고추 1개

육수 재료

- 멸치 8마리
- 다시마 1장
- 물 6종이컵

양념 재료

- 국간장 1숟가락
- 새우젓 ½숟가락
- 다진 마늘 ½숟가락
- 소금 약간

보관법

냉장실에서 2일 정도
보관할 수 있어요.

tip 물이 끓으면
다시마를 건져야 육수가
탁해지지 않아요.

1

냄비에 육수 재료를 넣고 센 불에서 한소끔
끓으면 다시마를 건지고 10분간 더 끓인 후
멸치를 건져 육수를 만들어요.

2

콩나물은 씻은 후 체에 밭쳐 물기를 빼요.

3

대파와 청양고추는 송송 썰어요.

4

육수가 끓어오르면 중불로 줄인 뒤 콩나물을
넣어요.

5

한소끔 끓어오르면 양념 재료를 넣고 10분간
끓여요.

6

청양고추, 대파를 넣고 1분간 끓여 완성해요.

칼칼하다!
시원하다! 맛있다!

오징어뭇국

🍚 : 3인분　🕐 : 30분

무와 오징어가 만나 시원하고 맛있어요.

칼칼한 국물에 밥 한술 술술 말아먹기 좋죠.

고춧가루와 청양고추를 넣어서 칼칼하니 입맛을 당겨요.

해장국으로도 좋고 술안주로도 좋은 일석이조 메뉴예요.

만개의레시피
국물요리 랭킹
07위

- 손질 오징어 2마리
- 무 ⅛개(200g)
- 두부 ½모(150g)
- 청양고추 1개
- 대파 ½대

양념 재료

- 국간장 2숟가락
- 멸치액젓 1숟가락
- 고춧가루 1숟가락
- 다진 마늘 1숟가락
- 소금 ¼숟가락

육수 재료

- 멸치 8마리
- 다시마 1장
- 물 6종이컵

보관법

냉장실에서 2일 정도
보관할 수 있어요.

tip 물이 끓으면
다시마를 건져야 육수가
탁해지지 않아요.

1 냄비에 육수 재료를 넣고 센 불에서 한소끔
끓인 후 다시마를 건지고 10분간 더 끓인 다음
멸치를 건져 육수를 만들어요.

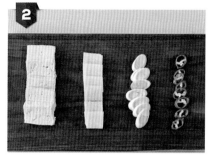

2 두부는 한입 크기로 썰고 무는 나박 썰고
대파, 청양고추는 어슷 썰어요.

3 오징어 몸통은 2등분 한 후 1cm 두께로 썰고
다리는 5cm 길이로 썰어요.

4 냄비에 육수를 붓고 무, 국간장, 멸치액젓,
고춧가루, 다진 마늘을 넣어 한소끔 끓으면
중불로 줄여 무가 익을 때까지 끓여요.

5 무가 익으면 오징어를 넣고 3분, 두부, 청양고추,
소금, 대파를 넣고 1~2분간 더 끓여 완성해요.

끓이면 끓일수록
깊어지는 맛

꽃게탕

대부분의 찌개가 데워 먹으면 먹을수록 국물이 깊어지잖아요.
꽃게탕 역시 마찬가지입니다. 꽃게에서 우러나온 육수가 갈수록 진해지면서
점점 맛있어지는 마법을 발휘합니다. 활꽃게도 좋지만 냉동 꽃게로도 충분히
훌륭한 맛을 낼 수 있으니 꽃게 철이 아닌 봄, 겨울에도 충분히 맛있게 즐겨보세요.

만개의레시피
국물요리 랭킹
08위

- 손질 꽃게 4마리
- 양파 ½개
- 애호박 ½개
- 대파 ½대
- 청양고추 2개

양념 재료

- 고추장 1숟가락
- 된장 1숟가락
- 고춧가루 1+½숟가락
- 국간장 1숟가락
- 다진 마늘 ½숟가락
- 소금 ½숟가락
- 후추 약간

보관법

냉장실에서 2일 정도
보관할 수 있어요.

양파는 한입 크기로 썰고 애호박은 2등분
한 후 0.5cm 두께로 썰고 대파와 청양고추는
어슷 썰어요.

볼에 양념 재료를 넣고 양념장을 만들어요.

냄비에 물 5종이컵을 붓고 끓으면 양념장을
넣고 푼 뒤 꽃게, 양파, 애호박을 넣고
중불에서 5분간 끓여요.

tip 중간중간
떠오르는 거품을
걷어내요.

대파와 청양고추를 넣고 한소끔 끓여
완성해요.

소중한 사람의 생일에 끓여주세요!

소고기 미역국

생일마다 먹는 것이 미역국이잖아요.

누군가의 생일을 위해 미역국 레시피 정도는 미리 익혀보는 건 어떨까요?

끓이는 건 어렵지 않아요. 소고기와 미역을 넣고 푹 고듯이 끓여주기만 하면 완성.

누군가의 탄생을 마음을 다한 요리로 축하해주는 기쁨을 누려보세요.

만개의레시피
국물요리 랭킹
09위

- 소고기 양지머리 ⅓팩(100g)
- 자른 건미역 ¼팩(10g)
- 들기름 2숟가락

양념 재료

- 국간장 1+½숟가락
- 까나리액젓 1숟가락
- 다진 마늘 ½숟가락
- 소금 약간
- 후추 약간

고기 밑간 재료

- 국간장 ½숟가락
- 후추 약간

보관법

냉장실에서 3일, 냉동실에서는
15일 정도 보관할 수 있어요.
한 번에 먹을 양만큼 담아서
보관하면 편리해요.

1

볼에 건미역과 잠길 만큼의 물을 붓고
20분간 불려요.

2

> tip 불린 미역을
> 주물러주면 단시간에 뽀얀
> 국물이 우러나와요.

불린 미역은 진액이 나올 때까지 주무른 후
물에 헹궈 물기를 꼭 짜요.

3

소고기는 키친타월로 핏물을 뺀 뒤 한입
크기로 썰고 국간장 ½숟가락, 후추를 넣어
밑간해요.

4

달군 냄비에 들기름을 두르고 미역을
약불에서 1분간 볶다가 소고기를 넣어
겉면이 익을 때까지 중불에서 볶아요.

5

물 6+½종이컵을 붓고 센 불에서 20분간
끓여요.

6

물이 끓으면 국간장, 까나리액젓, 다진 마늘을
넣고 한소끔 끓여요. 싱겁다면 소금과 후추를
넣고 간을 맞추어 완성해요.

속이 꽉 찬
배추로 끓이는 구수한

배추된장국

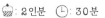: 2인분 ⓛ: 30분

배추 속이 차오르기 시작하는 가을과 겨울에 특히 어울리는 국이에요.
배추의 달큰향 향이 먼저 구수하면서도 달달한 국을 맛볼 수 있답니다.
기호에 따라 들깨를 넣어주면 더욱 구수해지고,
청양고추나 고춧가루를 더하면 칼칼하게 먹을 수 있어요.

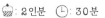

만개의레시피
국물요리 랭킹
10위

- 알배추 ¼통(150g)
- 두부 ½모(150g)
- 팽이버섯 ½개(50g)
- 청양고추 ½개
- 홍고추 ½개
- 대파 ½대

양념 재료

- 된장 3숟가락
- 다진 마늘 ½숟가락
- 고춧가루 ½숟가락

육수 재료

- 멸치 8마리
- 다시마(5×5cm) 1장
- 물 6종이컵

보관법

냉장실에서 3일 정도
보관할 수 있어요.

tip 물이 끓으면
다시마를 건져야 육수가
탁해지지 않아요.

1 냄비에 육수 재료를 넣고 센 불로 가열해요.
한소끔 끓으면 다시마를 건지고 10분간 더
끓인 후 멸치를 건져 육수를 만들어요.

2 알배추는 2cm 두께로 썰고 두부는 깍둑
썰고 대파, 청양고추, 홍고추는 송송 썰어요.

tip 된장을 체에
풀어주면 보다 깔끔해요.

3 냄비에 육수를 붓고 된장을 풀어 센 불에서
끓여요.

4 물이 끓으면 알배추를 넣고 중불에서 10분간
끓인 뒤 두부, 팽이버섯을 넣고 한소끔 끓여요.

5 청양고추, 홍고추, 대파, 다진 마늘,
고춧가루를 넣고 1분간 더 끓여 완성해요.

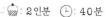

쌀쌀한 날씨에
생각나는
동태찌개

생선찌개는 그 맛이 일품이지만 비린내 때문에 선뜻 요리하기가 꺼려지기도 하는데요.
그중 동태는 비린내가 적고, 시원한 맛을 내기 때문에 어렵지 않게 끓일 수 있는
생선 중의 하나입니다. 동태 살이 으깨질 수 있으니 국을 끓이는 중에는 너무 세게 젓지
않는 것이 좋습니다. 혹여나 모를 비린내를 제거하고 싶다면 쌀뜨물에 20~30분 담갔다가
끓여보세요. 깔끔하고 시원한 동태찌개를 맛볼 수 있어요.

만개의레시피
국물요리 랭킹
11위

- 손질 동태(토막 낸 것) 1마리
- 무 ⅛개(150g)
- 두부 ½모(150g)
- 대파 ¼대
- 청양고추 1개

- 고추장 1+½숟가락
- 고춧가루 2숟가락
- 국간장 3숟가락
- 청주 1숟가락
- 다진 마늘 1숟가락
- 다진 생강 ⅓숟가락
- 후추 약간

육수 재료

- 멸치 8마리
- 다시마 1장
- 물 5종이컵

선택 재료

- 쑥갓
- 미나리

보관법

냉장실에서 2일 정도
보관할 수 있어요.

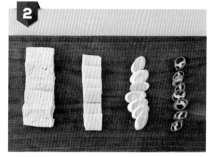

tip 물이 끓으면
다시마를 건져야 육수가
탁해지지 않아요.

1 냄비에 육수 재료를 넣고 센 불로 가열해요.
한소끔 끓으면 다시마를 건지고 10분간 더
끓인 후 멸치를 건져 육수를 만들어요.

2 두부는 2등분 한 후 1cm 두께로 썰고 무는
나박 썰고 대파와 청양고추는 어슷 썰어요.

3 동태는 흐르는 물에 씻고 체에 밭쳐 물기를
빼요.

4 볼에 양념 재료를 넣고 양념장을 만들어요.

tip 쑥갓, 미나리 등
향신채소를 더하면 좋아요.

5 냄비에 육수를 붓고 무, 동태를 넣어
센 불에서 한소끔 끓여요.

6 양념장을 푼 뒤 중약불에서 무가
익을 때까지 끓여요.

7 두부, 청양고추, 대파를 넣고 1~2분간
더 끓여 완성해요.

우럭매운탕

어른들을 위한
술안주로 제격!

어른들의 술자리에 어울리는 메뉴예요.

우럭은 특히 탕으로 끓이면 고소한 맛이 배가되지요. 무와 고춧가루 듬뿍 넣은
양념장 넣어 끓이면 시원하고 맛있는 매운탕을 맛볼 수 있답니다.

부모님을 초대해서 요리 실력을 마음껏 뽐내보세요.

만개의레시피
국물요리 랭킹
12위

- 손질 우럭(토막낸 것) 2마리
- 무 ⅛개(150g)
- 양파 ½개
- 미나리 5줄기(50g)
- 청양고추 2개
- 대파 2대
- 팽이버섯 ½봉지(75g)
- 느타리버섯 ¼팩(50g)

양념 재료

- 고춧가루 2숟가락
- 고추장 1숟가락
- 국간장 2숟가락
- 간장 2숟가락
- 다진 마늘 1숟가락
- 다진 생강 ⅓숟가락
- 청주 1숟가락
- 후추 약간

육수 재료

- 멸치 8마리
- 다시마 1장
- 물 8종이컵

보관법

냉장실에서 2일 정도
보관할 수 있어요.

1 냄비에 육수 재료를 넣고 센 불로 가열해요.
한소끔 끓으면 다시마를 건지고 약불로 10분간
더 끓인 후 멸치를 건져 육수를 만들어요.

2 무는 나박 썰고 양파는 굵게 채 썰고 미나리는
5cm 길이로 썰고 청양고추와 대파는 어슷
썰어요. 팽이버섯과 느타리버섯은 밑동을
제거한 뒤 가닥가닥 뜯어요.

3 볼에 양념 재료를 넣고 양념장을 만들어요.

4 냄비에 육수를 붓고 무를 넣어 센 불에서
5분간 끓여요.

5 양념장을 푼 뒤 우럭을 넣고 뚜껑을
닫아 한소끔 끓여요.

6 양파, 미나리, 청양고추, 대파, 느타리버섯을
넣고 뚜껑을 닫아 5분 더 끓여요.

7 마지막으로 팽이버섯을 넣고 1분간
더 끓여 완성해요.

추운 겨울에 어울리는

홍합어묵탕

🍚 : **3**인분   ⏱ : **20**분

겨울 제철음식인 홍합을 이용한 홍합어묵탕이에요.

깊은 육수를 내는 홍합과 어묵이 만났으니 국물 맛이 말로 할 수 없을 만큼 깊죠.

소주 한 잔이 생각나는 요리랍니다.

만개의레시피
국물요리 랭킹
13위

- 홍합 ⅓팩(300g)
- 사각어묵 1봉지(200g)
- 마늘 3개
- 양파 ¼개
- 대파 ½대

양념 재료

- 국간장 1숟가락
- 후추 약간

선택 재료

- 페페론치노 5개

tip 페페론치노 대신 청양고추나
홍고추를 넣어도 좋아요.

보관법

냉장실에서 3일 정도
보관할 수 있어요.

1

홍합은 수염을 떼고 껍질끼리 비벼가며
불순물을 없앤 뒤 흐르는 물에 세척해 체에
밭쳐요.

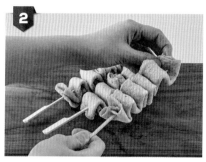

2

사각 어묵은 길게 접어 꼬치에 지그재그로
끼워요.

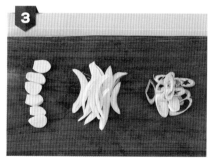

3

마늘은 얇게 썰고 양파는 채 썰고 대파는
어슷 썰어요.

4

냄비에 홍합, 어묵, 마늘, 양파, 대파,
페페론치노를 넣고 물 4종이컵을 부어
센 불에서 끓여요.

5

한소끔 끓어오르면 양념 재료를 넣고 홍합이
입을 벌릴 때까지 중불에서 끓여 완성해요.

147

매콤 순대전골

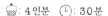 : 4인분   : 30분

오손도손 둘러앉아 커다란 납작냄비에 순대, 갖은 채소, 버섯 등을 넣고
보글보글 끓여 먹기 좋은 메뉴입니다. 버섯이 모자란다 싶으면 중간에 버섯을 추가하고,
콩나물이 부족하다 싶으면 콩나물을 추가하면서 후후 불어가며 사이 좋게 먹어보세요.
식구란 게 별 게 있나요? 함께 둘러앉아 밥 먹을 수 있다면 그게 바로 식구이지요.

만개의레시피
국물요리 랭킹
14위

- 순대 ½팩(500g)
- 양파 1개
- 깻잎 7장
- 청양고추 1개
- 새송이버섯 ⅓팩(100g)
- 느타리버섯 ½팩(100g)
- 콩나물 ⅔봉지(150g)
- 들깻가루 2숟가락
- 시판 사골육수 4종이컵

양념 재료

- 고추장 ½숟가락
- 된장 ½숟가락
- 국간장 1숟가락
- 고춧가루 2숟가락
- 다진 마늘 1숟가락

보관법

요리해서 바로 드시는 것이 좋아요.

1 양파와 깻잎은 채 썰고 청양고추는 송송 썰어요.

2 새송이버섯은 0.5cm 두께로 납작 썰고 느타리버섯은 밑동을 자르고 한입 크기로 떼어내요. 순대는 한입 크기로 썰어요.

3 볼에 양념 재료를 넣고 양념장을 만들어요.

4 냄비에 순대, 양파, 새송이버섯, 느타리버섯을 담고 사골육수를 부은 뒤 양념장을 올려 센 불에서 한소끔 끓여요.

5 콩나물, 청양고추를 넣고 중불에서 5분간 더 끓여요.

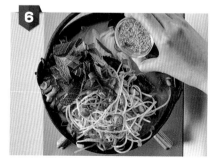

6 깻잎, 들깻가루를 넣고 1분간 더 끓여 완성해요.

손님 접대 요리에 이만한 게 없지!

소고기
버섯전골

남녀노소 누구나 좋아하는 소고기버섯전골이에요.
소고기와 풍미를 살려주는 버섯을 풍성하게 올려
보글보글 끓여 먹으면 그 맛이 일품입니다.
당면을 불려 놓았다가 넣어 먹어도 좋고 밥을 말아먹어도 좋아요.

만개의레시피
국물요리 랭킹
15위

- 소고기 불고기용 ⅔팩(200g)
- 느타리버섯 1팩(200g)
- 팽이버섯 1봉지(150g)
- 표고버섯 4개
- 두부 1모(300g)
- 알배추 6장
- 양파 ½개
- 대파 1대

양념 재료

- 고춧가루 2숟가락
- 국간장 2숟가락
- 다진 마늘 1숟가락
- 소금 ¼숟가락
- 후추 약간

고기 밑간 재료

- 간장 1숟가락
- 맛술 1숟가락
- 후추 약간

육수 재료

- 멸치 8마리
- 다시마 1장
- 물 4종이컵

보관법

요리해서 바로 드시는 것이 좋아요.

tip 물이 끓으면 다시마를 건져야 육수가 탁해지지 않아요.

1 냄비에 육수 재료를 넣고 센 불로 가열해요. 한소끔 끓으면 다시마를 건지고 10분간 더 끓인 후 멸치를 건져 육수를 만들어요.

2 느타리버섯과 팽이버섯은 한입 크기로 뜯고 표고버섯은 얇게 썰어요. 두부와 알배추는 한입 크기로 썰고 양파는 채 썰고 대파는 어슷 썰어요.

3 한입 크기로 썬 소고기는 키친타월에 감싸 핏물을 제거한 후 고기 밑간 재료에 버무려요.

4 볼에 양념 재료를 넣고 양념장을 만들어요.

5 냄비에 채소, 버섯, 소고기를 담고 양념장을 올린 뒤 육수를 부어 센 불에서 한소끔 끓여요. 물이 끓어오르면 중불로 줄여 5분간 더 익혀 완성해요.

동서양을 넘나드는 사계절

면 요리

추우면 추운 대로, 더우면 더운 대로 밥보다 면이 좋은 이들을 위한 면 레시피를 담았어요.

열무국수부터 바지락칼국수까지, 파스타부터 쌀국수까지 계절을 아우르고

동서양을 아우르는 면요리를 소개합니다.

열무 비빔국수

잘 익은 열무김치 하나로 한 끼 뚝딱!

잘 익은 열무김치 하나면 뚝딱 만들어낼 수 있어요. 만드는 법도 무척 간단한데요.
열무김치와 양념 재료에 국수 면을 비비면 끝! 양념장을 충분히 만들어 놓고
냉장고에 숙성시키면 맛이 더 깊어져요. 양념장을 매번 만들 필요 없이 언제든지
손쉽게 열무비빔국수를 맛볼 수 있답니다.

👑
만개의레시피
면요리 랭킹
01위

- 소면 2인분(200g)
- 오이 ½개
- 달걀 2개
- 열무김치 1+½종이컵
- 통깨 약간

양념 재료

- 고추장 4숟가락
- 설탕 1숟가락
- 고춧가루 2숟가락
- 식초 3숟가락
- 매실액 2숟가락
- 올리고당 2숟가락
- 다진 마늘 1숟가락
- 김칫국물 3숟가락
- 참기름 1숟가락

보관법

요리해서 바로 드시는 것이 좋아요.

1 달걀은 삶은 후 찬물에 담가 껍질을 까요.

2 오이는 채 썰고 열무김치는 한입 크기로 썰어요.

3 볼에 양념 재료를 넣고 양념장을 만들어요.

tip 면을 넣고 물이 끓기 시작하면 찬물 1종이컵을 나눠 부어주세요. (2번 반복)

4 끓는 물에 소면을 넣고 삶은 후 찬물에 헹궈 체에 밭쳐요.

tip 양념장은 한 번에 다 넣지 말고 조금씩 넣어가며 간을 맞춰요.

5 볼에 삶은 소면, 양념장, 열무김치를 넣어 버무려요.

6 그릇에 ⑤를 담고 오이와 삶은 달걀을 올린 뒤 통깨를 뿌려 완성해요.

시원한 국물에 쫄깃한 면발 후루룩

바지락
칼국수

🍚 : 2인분   🕐 : 30분

바지락 육수가 진하게 배어나온 바지락 칼국수예요. 바지락이 제철인 봄에
만들어 먹으면 살이 통통하게 오른 바지락이 가득한 칼국수를 맛볼 수 있답니다.
바지락을 해감하고 싶다면 식초나 소금물에 30분 정도 담가 놓으면 돼요.
감자가 들어가 포슬포슬하고 시원한 바지락칼국수 한 그릇 맛보세요.

만개의레시피
면요리 랭킹
02위

- 칼국수 2인분(300g)
- 손질 바지락 2봉지(400g)
- 감자 2개
- 대파 ½대

양념 재료

- 멸치액젓 1+½숟가락
- 다진 마늘 ½숟가락

보관법

요리해서 바로 드시는 것이 좋아요.

바지락은 씻은 후 체에 밭쳐 물기를 빼요.

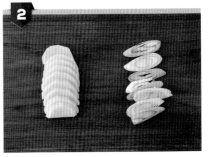

감자는 반달 썰고 대파는 어슷 썰어요.

tip 물에 헹구면 칼국수 면의 전분이 빠져 국물이 탁해지지 않아요.

냄비에 바지락과 물 8종이컵을 넣고 센 불에서 끓으면 중불로 줄여 10분간 끓여요.

칼국수 면을 찬물에 헹군 후 체에 밭쳐 물기를 빼요.

바지락육수(③)에 감자, 칼국수면을 넣고 중불에서 감자가 익을 때까지 끓여요.

양념 재료를 넣고 대파를 넣어 1분간 더 끓여 완성해요.

달달하고 고소한 크림에 풍덩!

단호박 크림파스타

: 2인분   : 30분

크림소스에 단호박을 더하면 부드러움도 두 배, 고소함도 두 배!
거기에 단호박의 달달한 맛까지 더해 풍부한 풍미를 자랑하는 스파게티가
만들어집니다. 그뿐인가요? 슬라이스체다치즈, 파마산치즈까지 더해지니
걸쭉하고 깊은 맛을 내는 요리 완성!

만개의레시피
면요리 랭킹
03위

- 단호박 1개
- 슬라이스햄 3장
- 양파 ¼개
- 스파게티면 1인분(90g)
- 버터 1숟가락

소스 재료

- 우유 1종이컵
- 생크림 1종이컵
- 슬라이스체다치즈 1장
- 파마산치즈가루 1숟가락
- 소금 약간
- 후추 약간

선택 재료

- 파슬리가루 약간

보관법

요리해서 바로 드시는 것이 좋아요.

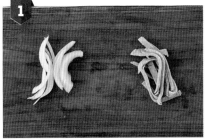

양파는 채 썰고 슬라이스햄은 1cm 길이로 썰어요.

단호박은 전자레인지에 5분간 돌린 후 윗면을 잘라요. 숟가락으로 씨를 제거한 뒤 안을 긁어내 따로 두고 전자레인지에 5분간 더 돌려요.

믹서기에 씨를 긁어낸 호박 속, 우유, 생크림을 넣어 갈아요.

끓는 물에 소금을 약간 넣고 파스타면을 7~8분간 삶은 후 체에 밭쳐요.

달군 팬에 버터를 두르고 양파와 햄을 넣어 볶아요.

양파가 투명해지면 단호박크림소스(③), 소금, 후추를 넣고 한소끔 끓여요.

슬라이스체다치즈, 파마산치즈가루를 넣어 섞은 후 삶은 스파게티면을 넣어 1~2분간 더 볶아내요.

속을 파낸 단호박(②)에 ⑦을 넣은 후 파슬리가루를 뿌려 완성해요.

159

맛있게 매운맛!

오징어짬뽕

: 2인분 ⏲: 30분

중국집에서만 먹던 짬뽕을 집에서 만들어보아요.
최대한 센 불로 후루룩 볶아내고, 센 불로 후루룩 끓여내는 게 맛의 비결이에요.
그래야 불맛 나는 매콤하고 시원한 짬뽕을 만들 수 있습니다. 갖은 채소가 들어갈수록
국물 맛 또한 풍부해지니 이번 주말에는 채소 한가득 들어간 홈메이트 짬뽕 어떠세요?

만개의레시피
면요리 랭킹
04위

- 오징어 1마리
- 양파 1개
- 양배추 ⅔줌(100g)
- 당근 ¼개
- 대파 2대
- 청양고추 2개
- 부추 ½줌(50g)
- 쥬키니호박 ⅓개
- 중화면 2인분
- 청주 1숟가락

tip 중화면이 없을 때
얇은 칼국수면을 사용하거나
밥을 말아 먹어도 좋아요.

양념 재료

- 고춧가루 3숟가락
- 다진 마늘 1숟가락
- 국간장 2숟가락
- 굴소스 1숟가락
- 소금 ½숟가락
- 후추 약간

보관법

요리해서 바로 드시는 것이 좋아요.

양파와 당근은 채 썰고 쥬키니호박은 반달썰기 하고 부추는 5cm 길이로 썰고 양배추는 한입 크기로 썰고 대파와 청양고추는 송송 썰고 오징어는 한입 크기로 썰어요.

중화면을 삶아 한 번 헹군 후 체에 밭쳐요.

달군 팬에 식용유를 두르고 다진 마늘과 대파를 넣어 중약불에서 볶아요.

tip 청주를 넣으면 오징어의 비린내가 없어져요.

파 향이 올라오면 오징어와 청주를 넣어 재빨리 볶아요.

쥬키니호박, 당근, 양파, 양배추, 부추를 넣고 양파가 투명해질 때까지 센 불로 볶아요.

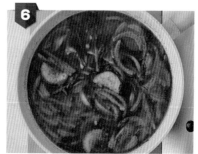

중약불로 줄인 뒤 고춧가루를 넣고 볶다가 국간장, 굴소스를 넣고 채소의 숨이 살짝 죽으면 물 5종이컵을 붓고 10분간 센 불로 끓여요.

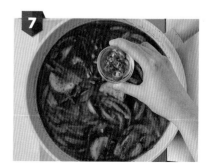

소금, 후추로 간한 후 청양고추를 넣고 1분간 더 끓인 뒤 삶은 중화면을 담은 볼에 부어 완성해요.

국물이 끝내줘요!

잔치국수

🍚 : 2인분 🕐 : 30분

진하게 우러나온 국물, 쫄깃한 면발까지 면 요리의 절대 강자예요.
잔치국수의 매력은 뭐니 뭐니 해도 멸치육수가 진하게 우러나온 국물이 될 텐데요.
멸치 머리와 내장을 제거하고 육수를 우리면 비린내나 쓴맛을 잡을 수 있어
훨씬 깔끔한 국물을 맛볼 수 있어요. 여기에 쫑쫑 썰어 양념에 버무린 신김치와
김가루를 얹으면 후루룩 후루룩 자꾸만 넘어가는 멸치국수 완성!

만개의레시피
면요리 랭킹
05위

- 소면 2인분(200g)
- 신김치 1종이컵
- 김가루 약간

김치 양념 재료

- 설탕 ⅓숟가락
- 참기름 ½숟가락
- 통깨 ½숟가락

육수 재료

- 건멸치 15마리(국물용)
- 다시마 1장
- 멸치액젓 2숟가락
- 다진 마늘 ⅓숟가락
- 소금 약간
- 후추 약간
- 물 8종이컵

보관법

요리해서 바로 드시는 것이 좋아요.

냄비에 건멸치, 다시마, 물을 넣고 센 불로 가열해요. 끓으면 다시마를 건지고 중약불로 줄여 10분간 더 끓인 후 멸치를 꺼내요. 멸치액젓, 다진 마늘, 소금, 후추를 넣어 중불에서 한소끔 끓여 육수를 완성해요.

신김치는 송송 썬 뒤 김치 양념 재료를 넣고 무쳐요.

tip 면을 넣고 물이 끓기 시작하면 찬물을 1종이컵 넣어주세요. (2번 반복)

끓는 물에 소면을 넣고 삶은 후 찬물에 헹궈 체에 밭쳐요. 면을 삶은 후 찬물에 세척하면 전분이 털려서 더 쫄깃해져요. 이 경우는 국물에 토렴 후 사용해요.

볼에 삶은 소면을 넣고 육수를 부은 뒤 양념 한 김치와 김가루를 올려 완성해요.

부산국제시장에서
맛보던 그 맛
비빔당면

부산에 가면 한 번쯤 맛보게 되는 비빔당면!

화려한 맛을 자랑하지는 않지만, 두고두고 생각나는 매력을 가지고 있지요.

비빔당면의 필수 재료는 부추와 당근이에요.

데친 부추와 당근이 더해지면 색도 예쁘고 맛도 좋은 비빔당면이 완성된답니다.

- 당면 1+½줌(150g)
- 부추 ½줌(50g)
- 당근 1개
- 달걀 2개

tip 당면은 30분 정도 찬물에 불려 준비해요.

양념 재료

- 간장 6숟가락
- 국간장 1숟가락
- 고춧가루 4숟가락
- 다진 마늘 1숟가락
- 올리고당 2숟가락
- 참기름 2숟가락
- 통깨 1숟가락
- 쪽파 1대

보관법

요리해서 바로 드시는 것이 좋아요.

1 달걀은 소금을 약간 넣고 볼에 풀어요. 식용유를 두른 팬에 얇게 지져 지단을 만든 후 한 김 식혀요. 달걀 지단은 5cm 길이로 채 썰고 당근과 부추도 같은 길이로 썰어요. 당면은 찬물에 담가 불려요.

2 볼에 양념 재료를 넣고 양념장을 만들어요.

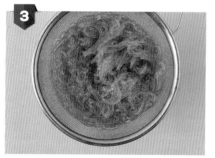

3 끓는 물에 불린 당면을 넣고 6분간 센 불에서 삶아 체에 밭쳐요.

4 당면 삶은 물에 부추는 10초, 당근은 1분간 각각 데친 후 체에 밭쳐 물기를 빼요.

5 볼에 삶은 당면과 양념장을 넣고 잘 섞은 뒤 당근, 부추, 달걀지단을 올려 완성해요.

동양과 서양이 만난 퓨전 요리

차돌박이
간장파스타

: 2인분   : 20분

한식에 익숙한 어르신들도 충분히 좋아하실 만한 파스타예요.
차돌박이의 고소함과 간장의 짭조름한 맛이 더해져
감칠맛 나는 파스타를 만들 수 있어요.
어르신들에게 파스타를 맛보여드릴 좋은 기회예요.

만개의레시피
면요리 랭킹
07위

- 차돌박이 15장
- 스파게티면 2인분(180g)
- 양파 ½개
- 청양고추 1개
- 홍고추 1개
- 마늘 5개

소스 재료

- 간장 2숟가락
- 굴소스 1숟가락
- 맛술 1숟가락
- 다진 마늘 1숟가락
- 후추 약간

보관법

요리해서 바로 드시는 것이 좋아요.

1 마늘은 얇게 썰고 양파는 채 썰고 청양고추와 홍고추는 어슷 썰어요.

2 볼에 소스 재료를 넣고 소스를 만들어요.

3 끓는 물에 소금을 약간 넣고 스파게티 면을 넣어 센 불에서 7~8분간 삶은 후 체에 밭쳐요.

4 달군 팬에 식용유를 두르고 편마늘과 양파, 청양고추, 홍고추를 넣고 중약불에서 볶아요.

5 마늘 향이 올라오면 차돌박이를 넣고 중불에서 핏기가 없을 때까지 볶다가 삶은 파스타면, 소스를 넣어 1~2분간 더 볶아 완성해요.

스파게티의 첫맛

토마토
파스타

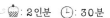 : 2인분　⏱ : 30분

스파게티를 생각하면 가장 먼저 떠오르는 게 토마토파스타예요.

그만큼 파스타 중에서도 가장 우리에게 친근한 음식이죠.

시판 소스에 갖은 해산물을 넣고 매콤한 맛을 내는 고춧가루와 청양고추를 더하면

새콤 달콤 매콤한 토마토스파게티가 완성됩니다.

만개의레시피
면요리 랭킹
08위

- 펜네파스타 2인분(180g)
- 냉동 해물믹스 1종이컵
- 양파 ½개
- 청양고추 1개
- 베이컨 3줄
- 올리브유 2숟가락
- 파마산치즈가루 1숟가락

tip 펜네는 쇼트파스타의 한 종류예요. 가운데 구멍이 나 있어 소스가 잘 배어요.

소스 재료

- 시판 토마토소스 2+½종이컵
- 다진 마늘 1숟가락
- 고춧가루 1숟가락
- 청주 1숟가락
- 올리고당 1숟가락

보관법

요리해서 바로 드시는 것이 좋아요.

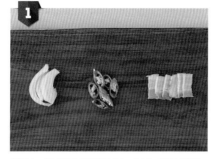

1 양파는 채 썰고 청양고추는 어슷 썰고 베이컨은 2cm 길이로 썰어요.

2 끓는 물에 소금을 약간 넣고 펜네 파스타를 넣고 9~10분간 삶은 후 체에 밭쳐요.

3 달군 팬에 올리브유 2숟가락을 두르고 다진 마늘, 고춧가루를 넣고 약불에서 볶아요.

4 마늘 향이 올라오면 양파, 베이컨, 청양고추를 넣고 볶다가 해물믹스를 넣어 1~2분간 중약불로 볶아요.

5 ④에 물 2종이컵, 토마토소스, 청주, 올리고당을 넣고 센 불에서 한소끔 끓여요.

tip 바게트를 곁들여도 좋아요.

6 삶은 펜네파스타를 넣고 2분간 더 끓인 뒤 파마산치즈가루를 뿌려 완성해요.

일식집에서 먹던 그 맛 그대로

해물 볶음우동

일식집이나 이자카야에서 먹던 해물볶음우동을 집에서도 즐겨봐요.
갖은 채소와 해물을 넣고 센 불에 볶으면 완성되는 요리입니다.
주의할 점은 숙주의 숨이 죽지 않게 마지막에 넣는 거예요. 집에 가스오부시가
있다면 볶음우동 위에 올려주세요. 풍부한 맛을 자랑하는 요리가 완성됩니다.

만개의레시피
면요리 랭킹
09위

- 칵테일새우 3종이컵(150g)
- 오징어 1마리
- 우동면 2팩(400g)
- 숙주 ½봉지(150g)
- 마늘 6개
- 양파 ½개
- 부추 ½줌(50g)
- 대파 ½대
- 청양고추 2개
- 홍고추 1개
- 소금 약간
- 후추 약간

양념 재료

- 굴소스 2숟가락
- 간장 2숟가락
- 고춧가루 ½숟가락
- 매실액 1숟가락
- 올리고당 1숟가락

보관법

요리해서 바로 드시는 것이 좋아요.

마늘은 얇게 썰고 양파는 채 썰고 부추는
5cm 길이로 썰고 대파, 청양고추, 홍고추는
어슷 썰어요. 숙주는 씻어 체에 받쳐요.

오징어는 링 모양으로 썰어요.
다리는 5cm 길이로 썰어요.

볼에 양념 재료를 넣고 양념장을 만들어요.

달군 팬에 식용유를 두르고 편마늘을 넣어
중약불에서 볶아요.

tip 우동면은 물에
헹궈 미리 풀어 놓아요.

마늘 향이 올라오면 양파, 대파,
청양고추, 홍고추를 넣고 볶아요.

양파가 투명해지면 오징어와 새우를 넣고
볶다가 숙주를 넣어 볶아요.

우동면, 양념장을 넣고 중불에서 볶은 뒤
부추, 소금, 후추를 넣어 완성해요.

171

소고기
쌀국수볶음

🍚 : 1인분 🕐 : 30분

홈메이드 베트남식 쌀국수 요리예요. 30분 이상 불린 쌀국수 면은 오래 삶으면 특유의
찰기를 잃기 때문에 1분 전후로 살짝 삶아 주는 것이 좋습니다. 숙주와 부추는 특유의
식감을 살리기 위해 마지막으로 넣고 살짝 불기운만 얹어주기만 하면 된답니다.

소고기 대신 해산물을 넣으면 해산물쌀국수볶음이 되니 응용해서 만들어보세요.

만개의레시피
면요리 랭킹
10위

- 소고기 불고기용 ⅓팩(100g)
- 쌀국수 면 1인분(50g)
- 숙주 1줌(80g)
- 마늘 3개
- 양파 ½개
- 빨강파프리카 ¼개
- 부추 ½줌(50g)
- 소금 약간
- 후추 약간

양념 재료

- 간장 1숟가락
- 다진 대파 1숟가락
- 맛술 1숟가락
- 굴소스 ⅓숟가락
- 다진 마늘 ⅓숟가락

보관법

요리해서 바로 드시는 것이 좋아요.

1 볼에 쌀국수면과 잠길 만큼의 찬물을 붓고 30분 이상 불려요.

2 마늘은 얇게 썰고 양파, 빨강파프리카는 채 썰고, 부추는 5cm 길이로 썰어요.

3 소고기는 키친타월로 눌러 핏물을 뺀 후 소금, 후추를 뿌려 밑간해요.

4 볼에 양념 재료를 넣고 양념장을 만들어요.

5 끓는 물에 쌀국수 면을 넣어 1분 30초간 삶고 찬물에 헹군 뒤 체에 밭쳐요.

6 달군 팬에 식용유를 두르고 편마늘과 양파를 넣어 볶아요.

7 양파가 투명해지면 소고기를 넣고 핏기가 없어질 때까지 센 불에서 볶아요.

8 ⑦에 삶은 쌀국수, 양념장, 빨강파프리카를 넣고 1분간 볶다가 숙주, 부추를 넣고 30초간 더 볶아 완성해요.

tip 숙주, 부추를 넣은 후 재빨리 볶아야 아삭한 식감을 유지할 수 있어요.

173

매콤하고 칼칼한 한국식 스파게티

고추참치
스파게티

🥮 : 1인분　 ⏱ : 30분

시판 고추참치로 매콤하고 칼칼한 한국식 스파케티를 만들 수 있어요.
토마토소스에 청양고추, 고추참치까지 더하면
한국인이 좋아할 만한 매콤한 맛이 완성되지요.
특별한 재료 없이도 만들 수 있는 맛깔 나는 요리랍니다.

만개의레시피
면요리 랭킹
11위

- 스파게티면 1인분(90g)
- 통조림 고추참치 ⅔캔(150g)
- 마늘 3개
- 양파 ¼개
- 청양고추 1개
- 시판 토마토소스 1종이컵
- 올리브유 1숟가락

선택 재료

- 파슬리가루 약간

보관법

요리해서 바로 드시는 것이 좋아요.

1

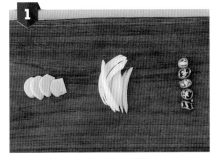

마늘은 얇게 썰고 양파는 채 썰고
청양고추는 송송 썰어요.

2

tip 제품에 따라 면 삶는
시간이 다르니 포장지에 적힌
조리법을 확인해요.

끓는 물에 소금을 약간 넣고 스파게티 면을
넣어 센 불에서 7~8분간 삶은 후 체에 밭쳐요.

3

팬에 올리브유 1숟가락을 두르고 양파와
편마늘을 중약불에서 볶아요.

4

양파가 반투명해지면 통조림 고추참치와
토마토소스, 청양고추를 넣고 볶아요.

5

④에 삶은 스파게티면을 넣고 중불에서
1~2분간 더 볶다가 파슬리가루를 뿌려 완성해요.

라면보다 만들기 쉽다!

알리오 올리오

보통 파스타 하면 만들기 어려운 서양 요리라고 생각하기 쉬운데요.
알리오올리오는 요리 초보자도 도전할 수 있는 손쉬운 요리예요. 알리오올리오 맛의
핵심은 바로 면수! 절대 면수를 다 버리지 말고 남겨 뒀다가 마지막에 넣고 볶아주세요.
한끝 차이로 촉촉하고 감칠맛 나는 알리오올리오를 만들 수 있답니다.

만개의레시피
면요리 랭킹
12위

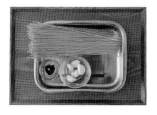

- 스파게티면 1인분(90g)
- 마늘 5개
- 올리브유 5숟가락
- 페페론치노 4개
- 소금 약간
- 후추 약간
- 파슬리가루 약간

보관법

요리해서 바로 드시는 것이 좋아요.

1

마늘은 얇게 썰어요.

2

tip 면수는 버리지 말고 남겨두세요.

끓는 물에 소금을 약간 넣고 스파게티 면을 넣어 센 불에서 7~8분간 삶은 후 체에 밭쳐요.

3

달군 팬에 올리브유 5숟가락을 두르고 편마늘을 약불에서 볶다가 페페론치노를 넣고 1~2분간 더 볶아요.

4

삶은 스파게티면을 넣고 볶다가 면수 5숟가락을 넣어 볶아요.

5

소금, 후추를 뿌린 뒤 파슬리가루를 뿌려 완성해요.

 : 1인분　⏱ : 30분

집에서 만드는 인도네시아식 미고랭

볶음라면

인도네시아 미고랭 라면을 집에서도 만들 수 있어요.

맛을 내는 비법은 돈가스나 오무라이스 소스로 활용하는 우스타소스를 이용하는 것인데요.

우스타소스가 없다면 돈가스소스나 굴소스로 만들어도 충분히 맛있게 만들 수 있답니다.

집에 있는 갖은 채소를 넣고 씹는 맛이 일품인 볶음라면을 만들어보세요.

만개의레시피
면요리 랭킹
13위

- 라면사리 1개
- 베이컨 3줄
- 양배추 3장
- 양파 ¼개
- 마늘 3개
- 달걀 1개
- 가쓰오부시 약간

양념 재료

- 우스타소스 3숟가락
- 올리고당 1숟가락

tip 우스타소스 대신 굴소스나
돈가스소스를 사용해도 괜찮아요.

보관법

요리해서 바로 드시는 것이 좋아요.

1 마늘은 얇게 썰고 양파는 채 썰고 양배추는
한입 크기로 썰고 베이컨은 2.5cm 길이로
썰어요.

2 끓는 물에 라면사리를 넣고 2~3분만 삶아
체에 받쳐요.

3 달군 팬에 식용유를 두르고 달걀프라이를
해요.

4 달군 팬에 식용유를 두르고 편마늘과 양파를
중약불에서 볶아요.

5 양파가 투명해지면 베이컨, 양배추를
넣고 중불에서 볶아요.

6 양배추가 숨이 죽으면 라면사리,
양념 재료를 넣고 섞어요.

7 그릇에 ⑥을 담은 후 달걀프라이와
가쓰오부시를 올려 완성해요.

179

불고기와 크림의 믹스매치!
불고기 크림파스타

불고기와 크림의 만남이 선뜻 상상되지 않을 수도 있는데요.
단짠 메뉴의 선두주자 불고기와 고소한 크림소스가 만나면
이제껏 맛본 적 없는 훌륭한 파스타가 완성됩니다.
동양과 서양이 만난 퓨전 음식으로 새로운 맛을 경험해보세요.

만개의레시피
면요리 랭킹
14위

- 소고기 불고기용 ½팩(150g)
- 페투치니면 1인분(90g)
- 양파 ¼개
- 당근 ⅛개
- 대파 2대
- 우유 1종이컵
- 슬라이스체다치즈 1장
- 파마산치즈가루 1숟가락
- 올리브유 약간

tip 페투치니면은 스파게티면보다 두껍고 넓어서 크림소스가 잘 묻어나요. 없다면 스파게티면을 사용해도 좋아요.

양념 재료

- 간장 4숟가락
- 설탕 1숟가락
- 다진 마늘 1숟가락
- 맛술 2숟가락
- 참기름 1숟가락
- 후추 약간

보관법

요리해서 바로 드시는 것이 좋아요.

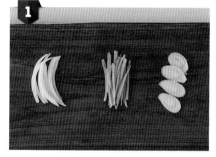

양파, 당근은 채 썰고 대파는 어슷 썰어요.

볼에 소고기, 양파, 당근, 대파, 양념 재료를 넣고 버무려요.

끓는 물에 페투치니면을 넣고 9분간 삶아 체에 밭쳐요.

달군 팬에 올리브유를 두르고 ②를 넣어 중불에서 볶아 건져요.

tip 파스타 위에 어린잎 채소를 올려도 좋아요.

삶은 페투치니면, 우유, 슬라이스체다치즈, 파마산치즈가루를 넣고 2~3분간 졸인 뒤 익혀둔 불고기(④)를 얹어 완성해요.

해장에 좋은 이태리풍

해산물
파스타

🍚 2인분　⏱ : 30분

해산물의 진한 육수에 토마토소스까지 더해진 국물 가득한 파스타입니다.

해장 파스타로 불릴 정도로 해장에도 아주 좋은 음식이죠.

우리나라 찌개나 국과는 다른 이탈리아풍 국물의 매력에 빠져 보세요.

만개의레시피
면요리 랭킹
15위

- 스파게티 면 2인분(180g)
- 시판 토마토소스 2종이컵
- 양송이버섯 4개
- 마늘 3개
- 양파 ¼개
- 새우 10마리
- 오징어 ½마리
- 홍합 10개
- 청주 2숟가락
- 페페론치노 3개
- 올리브유 2숟가락
- 소금 약간
- 후추 약간

보관법

요리해서 바로 드시는 것이 좋아요.

양송이버섯과 마늘은 얇게 썰고 양파는
채 썰고 오징어는 한입 크기로 썰어요.

tip 내장은 새우 등
2~3마디에 이쑤시개를
꽂아 빼요.

새우는 내장을 제거해요. 오징어는 입과 내장을
제거한 뒤 씻어 몸통은 링 모양으로 썰고 다리는
한입 크기로 썰어요. 홍합은 비벼 씻어요.

tip 면수는 2종이컵
정도 남겨주세요.

끓는 물에 소금을 약간 넣고 스파게티 면을
넣어 센 불에서 7~8분간 삶은 후 체에 밭쳐요.

달군 팬에 올리브유 2숟가락을 두르고
편마늘을 약불로 볶다가 페페론치노를 넣고
볶아요.

마늘향이 올라오면 양파, 양송이버섯을 넣고
볶다가 새우, 오징어, 홍합, 청주를 넣고
홍합이 벌어질 때까지 중약불에서 익혀요.

면수 1종이컵과 토마토소스, 소금, 후추를
넣고 3분간 끓인 뒤 삶은 스파게티 면을
넣고 1~2분간 더 익혀 완성해요

밀푀유나베

감바스

매운닭볶음탕

두부김치

칠리새우

등갈비바베큐

고추잡채

잡채

목살스테이크

훈제오리단호박찜

삼겹살김치말이찜

갈릭포크스테이크

대패삼겹살숙주볶음

불고기전골

찹쌀탕수육

새우냉채

훈제연어말이

오징어보쌈

돼지갈비찜

오징어미나리강회

장미만두

도토리묵채소말이

팝콘치킨

만드는 사람도 먹는 사람도 즐거운

손님초대 요리

푸짐한 메인요리부터 입맛을 돋우는 사이드요리까지

화려하고 다채로운 손님초대요리를 모았어요. 한식, 중식, 일식, 양식까지

장르를 넘나드는 다양한 메뉴를 활용해 손님초대상을 차려 보세요.

손님접대 요리의 대표 요리!

밀푀유나베

밀푀유 Mille-Feuille는 여러 개의 페이스트리가 겹을 이룬 프랑스 디저트로 '천 개의 이파리' 또는 '천 겹'을 뜻해요. 나베なべ는 일본어로 냄비 즉 전골요리를 뜻하지요. 고기와 채소가 겹겹이 쌓인 전골 요리를 말하는 밀푀유나베는 보기도 좋고 맛도 좋아서 손님접대 시 메인 요리로 손색이 없습니다. 배추가 달달하고 저렴한 가을, 겨울에 특히 어울리는 요리입니다.

만개의레시피
초대요리 랭킹
01위

- 소고기 샤브샤브용 2팩(600g)
- 알배추 10장
- 깻잎 15장
- 느타리버섯 1줌(75g)
- 표고버섯 2개
- 숙주 2줌(160g)

육수 재료

- 멸치 20마리
- 다시마(5×5cm) 2장
- 양파 ½개
- 무(3cm 두께) 1조각
- 물 8종이컵

소스 재료

- 간장 2숟가락
- 식초 2숟가락
- 설탕 1숟가락
- 물 1숟가락

보관법

요리해서 바로 드시는 것이 좋아요.

tip 물이 끓으면 다시마를 건져야 육수가 탁해지지 않아요.

냄비에 육수 재료를 넣고 한소끔 끓인 뒤 다시마를 건지고 10분간 더 끓인 후 체에 걸러요.

느타리버섯은 밑동을 제거해 한입 크기로 뜯고 표고버섯은 십자 모양의 칼집을 내요.

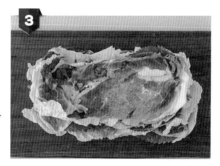

알배추 ⇒ 꼭지를 제거한 깻잎 ⇒ 핏물을 뺀 소고기 순으로 반복해서 쌓아요.

tip 자를 때는 배추가 위로 가도록 뒤집어서 잘라야 배추가 부서지지 않아요.

냄비 높이에 맞도록 ③을 등분해요.

냄비에 숙주를 깔고 ④를 냄비 바깥쪽부터 둘러 담은 후 가운데에 느타리버섯과 표고버섯을 올려요.

tip 소스를 만들기 어렵다면 시판용 칠리소스에 찍어드셔도 좋아요.

육수를 ⅔ 정도 붓고 고기가 익을 때까지 중불에서 끓여요. 소스를 만들어 곁들여 완성해요.

간단하게 만드는
최고의 와인 안주
감바스

🧁 : 3인분   🕐 : 20분

감바스는 와인 안주로 제격이에요.
올리브오일에 새우와 마늘이 튀겨지며 내는 향은 무엇을 상상하든 그 이상의
풍미를 뿜냅니다. 바게트에 찍어 먹어도 좋고 파스타면을 버무리면 훌륭한 파스타가
완성되니 와인을 곁들이며 손님들과 즐겁게 나누어 먹기에 좋습니다.

만개의레시피
초대요리 랭킹
02위

- 새우 3종이컵(약 20마리)
- 마늘 8개
- 아스파라거스(중간 크기) 2대
- 올리브유 1+½종이컵
- 페페론치노 4~5개
- 소금 약간
- 후추 약간
- 바게트 적당량

선택 재료

- 허브(타임, 로즈마리) 약간

보관법

오래 보관하면 기름이 산패하니
바로 드시는 것이 좋아요.

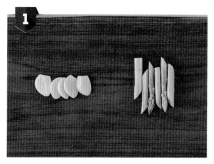

마늘은 편 썰고 아스파라거스는 껍질을 벗겨
밑동을 자른 후 4~5등분 해요.

tip 내장은 새우 등
2~3마디에 이쑤시개를
꽂아 빼요.

새우는 내장, 머리, 껍질을 제거한 후 소금,
후추로 밑간해요.

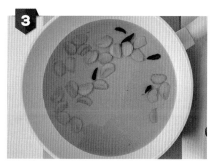

작은 팬에 올리브유, 페페론치노, 편마늘을
넣고 약불로 끓여요.

tip 허브를 함께 넣으면
좋아요. 삶은 파스타면을 버무리면
오일파스타가 돼요.

마늘이 노릇하게 익으면 새우, 아스파라거스를
넣고 새우가 익을 때까지 끓인 뒤 바게트를
곁들여 완성해요.

온 국민의 사랑을 한 몸에

매운 닭볶음탕

닭볶음탕은 누구나 좋아하기 때문에 손님초대 요리로 실패가 없는 메뉴입니다.
끓는 물에 닭을 넣고 한소끔 끓인 뒤 찬물에 헹구면 훨씬 깔끔하고 기름기가 적은
닭볶음탕을 맛볼 수 있어요. 취향껏 고추장과 고춧가루로 맵기를 조절하면
맛있는 닭볶음탕을 완성할 수 있습니다.

만개의레시피
초대요리 랭킹
03위

- 닭고기 닭볶음탕용 1마리
- 감자 1개
- 당근 ½개
- 양파 ½개
- 대파 2대

양념 재료

- 고추장 6숟가락
- 고춧가루 3+½숟가락
- 간장 4+½숟가락
- 설탕 1+½숟가락
- 다진 마늘 3숟가락
- 다진 생강 ½숟가락
- 청주 2숟가락
- 후추 약간

보관법

냉장실에서 2~3일 보관할 수 있어요.

tip 닭고기 기름과 이물질을 제거하는 과정이에요.

1 냄비에 세척한 닭고기와 잠길 만큼의 물, 대파 1대를 넣고 한소끔 끓인 뒤 찬물에 헹궈 체에 밭쳐요.

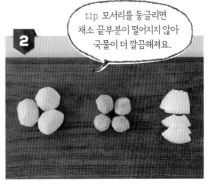

tip 모서리를 둥글리면 채소 끝부분이 떨어지지 않아 국물이 더 깔끔해져요.

2 감자와 당근은 3~4cm 크기로 잘라 모서리를 다듬고 양파는 한입 크기로 썰어요.

3 볼에 양념 재료를 넣고 양념장을 만들어요.

4 냄비에 물 3종이컵과 데친 닭고기, 감자, 당근, 양파, 양념장을 넣고 뚜껑을 덮어 센 불에서 끓여요.

tip 취향에 따라 고구마나 떡볶이떡을 넣어도 좋아요.

5 닭볶음탕이 끓으면 중불로 줄이고 감자가 익도록 10분간 끓여요. 마지막에 대파 1대를 송송 썰어 넣어 완성해요.

막걸리 안주로 이만한 게 없지!

두부김치

막걸리 한 잔 기울일 때 딱 좋은 요리예요.

달콤 매콤하게 볶아낸 김치볶음에 고소한 돼지고기, 그리고 짠맛을 중화시키는

부드러운 두부까지, 이 셋의 조화가 아주 좋은 안주랍니다.

두부는 뜨거운 물에 살짝 데쳐도 맛있지만, 지글지글 기름에 부쳐도 맛있어요.

만개의레시피
초대요리 랭킹
04위

- 두부 1모(300g)
- 배추김치 1종이컵
- 잡채용 돼지고기 ⅔팩(200g)
- 양파 ½개
- 대파 2대
- 참기름 1숟가락
- 통깨 1숟가락

양념 재료

- 다진 마늘 1숟가락
- 맛술 1숟가락
- 간장 1숟가락
- 후추 약간
- 고춧가루 1숟가락
- 올리고당 1숟가락

보관법

두부를 제외한 볶음 고기김치만
냉장실에서 2~3일 보관할 수 있어요.

양파는 채 썰고 대파는 어슷 썰고 김치는
한입 크기로 잘라요.

두부는 끓는 물에 1분간 데친 후 2등분하고
0.8cm 두께로 썰어요.

달군 팬에 식용유를 두르고 다진 마늘을
넣어 중약불로 볶아요.

마늘 향이 올라오면 돼지고기와 맛술, 후추,
간장을 넣어 중불에서 볶아요.

돼지고기가 익으면 김치, 올리고당, 고춧가루,
양파를 넣고 양파가 투명해지도록 중불에서
5분 정도 볶아요.

⑤에 대파를 넣고 섞은 뒤 불을 끄고, 참기름,
통깨를 뿌려요. 두부를 곁들여 완성해요.

중국집 부럽지 않은 고급 요리

칠리새우

🍚 : 2인분　🕐 : 30분

센 불이나 무쇠 웍 없이 가스불과 프라이팬 하나로 중국집 요리 맛을
그대로 재현할 수 있어요. 새콤달콤한 맛을 좋아한다면 양념에 케첩을
한 숟가락 더, 매운맛을 좋아한다면 양념에 핫 소스를 조금 더 추가하면
손님들의 입맛에 맞는 맞춤 요리를 완성할 수 있답니다.

만개의레시피
초대요리 랭킹
05위

- 새우 15마리
- 다진 마늘 1숟가락
- 버터 2숟가락
- 전분 ⅓종이컵
- 쪽파 1대

양념 재료

- 케첩 4숟가락
- 간장 1+½숟가락
- 고춧가루 2숟가락
- 설탕 2숟가락
- 식초 2숟가락

보관법

냉장실에서 하루 정도
보관할 수 있어요.

쪽파는 송송 썰어요.

tip 내장은 새우 등
2~3마디에 이쑤시개를
꽂아 빼요.

새우는 내장, 머리, 껍질을 제거해요.

볼에 양념 재료를 넣고 양념장을 만들어요.

손질한 새우에 전분을 골고루 입혀요.

달군 팬에 식용유를 두른 후 다진 마늘을
넣어 약불로 볶아요.

마늘 향이 올라오면 전분을 묻힌 새우를
넣고 중불에서 앞뒤로 노릇하게 구워요.

양념장을 넣고 가볍게 볶다가 버터를 넣고
섞으면서 녹여요.

쪽파를 뿌려 완성해요.

패밀리레스토랑 메뉴를 우리 집 식탁에!

등갈비 바베큐

패밀리레스토랑에서 먹던 바베큐폭립을 집에서도 즐겨보세요.
등갈비에 된장, 대파, 통마늘 등을 넣고 30분 정도 삶아주면 잡내도 잡고,
발라 먹기 좋을 정도로 부드럽게 살이 익습니다.
아이를 동반한 손님이 온다면 더욱 제격인 요리죠.

만개의레시피
초대요리 랭킹
06위

- 손질 돼지 등갈비 2팩(1kg)
- 월계수잎 2~3장
- 대파 1대
- 마늘 6개
- 된장 1숟가락
- 파슬리가루 약간

양념 재료

- 바베큐 소스 6숟가락
- 간장 4숟가락
- 올리고당 4숟가락
- 맛술 6숟가락
- 케첩 4숟가락
- 다진 마늘 1숟가락
- 후추 약간

보관법

냉장실에서 2일, 냉동실에서는 15일 정도 보관할 수 있어요. 한 번에 먹을 양만큼 담아서 보관하면 편리해요.

tip 칼집을 내야 간이 잘 배어요.

등갈비는 찬물에 1시간 정도 담근 후 한 쪽씩 자르고 칼집을 2~3군데 넣어요.

냄비에 등갈비와 잠길 만큼의 물, 된장, 대파, 마늘, 월계수잎을 넣고 센 불로 가열해요. 끓으면 중불로 줄여 40분간 더 끓여요.

볼에 양념 재료를 넣고 양념장을 만들어요.

달군 팬에 양념장을 넣고 센 불로 가열해 한소끔 끓으면 등갈비를 넣고 중약불에서 달달 볶다가 양념이 없어질 때까지 10분간 졸여요.

파슬리가루를 뿌려 완성해요.

197

아삭아삭 씹는 맛이 일품

고추잡채

아삭아삭한 피망의 식감이 그대로 살아있는 고추잡채는 많은 중국요리가 그렇듯이
센 불에 휘리릭 볶아 씹는 맛을 살리는 것이 관건입니다. 고추잡채와 단짝인 꽃빵은
어디서든 구매 가능하니 냉동실에 쟁여 두고 중국요리, 특히 잡채류에 곁들이세요.
중국집에서 맛보았던 근사한 고추잡채 요리를 집에서도 맛볼 수 있을 거예요.

- 돼지고기 등심(잡채용) ⅔팩(200g)
- 건표고버섯 3개
- 양파 ½개
- 피망 1개
- 빨강파프리카 1개
- 통조림 죽순 ½쪽
- 고추기름 2숟가락

고기 밑간 재료

- 설탕 ⅓숟가락
- 간장 1숟가락
- 다진 마늘 ⅓숟가락
- 후추 약간
- 참기름 약간

양념 재료

- 설탕 ⅓숟가락
- 다진 마늘 ½숟가락
- 다진 생강 ⅛숟가락
- 간장 ½숟가락
- 청주 1숟가락
- 물 1숟가락
- 굴소스 1숟가락
- 참기름 ½숟가락
- 후추 약간

선택 재료

- 꽃빵

보관법

냉장실에서 하루 정도 보관할 수 있어요.

1 tip 건표고버섯은 설탕물에 불리면 빨리 불려져요.

건표고버섯을 미지근한 물에 20분 이상 담가 부드럽게 불린 뒤 물기를 꼭 짜고 채 썰어요. 죽순은 석회질을 제거해 씻은 뒤 결 모양을 살려 납작 썰고 양파, 피망, 빨강파프리카는 채 썰어요.

2

돼지고기는 키친타월로 눌러 핏물을 제거하고 고기 밑간 재료를 넣고 버무려요.

3

볼에 양념 재료를 넣고 양념장을 만들어요.

4

달군 팬에 고추기름을 두르고 센 불에서 고기와 표고버섯을 볶다가 핏물이 사라지면 양파 ⇒ 피망과 파프리카 ⇒ 죽순 순으로 넣어가며 볶아요.

5

tip 꽃빵은 랩을 씌운 뒤 전자레인지에서 1분~1분 30초간 돌려 고추잡채와 곁들여 먹어요.

양념장을 넣고 고루 간이 배도록 센 불에서 빠르게 볶아 완성해요.

199

소중한 날 함께하는
잔치 요리

잡채

잡채는 잔칫날 빠지지 않는 요리 중의 하나인데요. 준비해야 할 재료가 많아 만들기
어려울 거라 생각하기 쉽지만, 재료의 특징을 살려 천천히 익는 순으로 불에 볶아내면
요리의 반 이상이 완성되는 생각보다는 손쉬운 요리입니다. 다음의 레시피대로
차근차근 재료를 준비해 도전해보세요. 의외로 실패가 없는 요리 중의 하나이니까요.

만개의레시피
초대요리 랭킹
08위

- 당면 ½봉지(150g)
- 양파 1개
- 당근 ½개
- 시금치 1단(300g)
- 표고버섯 3개
- 돼지고기 잡채용(등심) ⅓팩(100g)

당면 삶는 양념 재료

- 간장 ⅓종이컵
- 식용유 ⅓종이컵
- 설탕 2숟가락

돼지고기, 표고버섯 양념 재료

- 간장 2숟가락
- 설탕 ½숟가락
- 참기름 ½숟가락
- 다진 마늘 ½숟가락
- 후추 약간

시금치 양념 재료

- 다진 마늘 ¼숟가락
- 소금 약간
- 참기름 ¼숟가락
- 통깨 약간

양념 재료

- 간장 3숟가락
- 설탕 1+½숟가락
- 참기름 1+½숟가락
- 올리고당 ½숟가락
- 후추 약간
- 다진 마늘 ½숟가락
- 통깨 1숟가락

보관법

냉장실에서 하루 정도 보관할 수 있어요.

당면을 찬물에 30분 이상 담가 불려요.

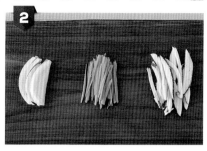

양파와 당근은 굵게 채 썰고, 표고버섯도 밑동을 제거한 뒤 채 썰어요.

시금치는 소금을 넣은 끓는 물에 1분간 데친 뒤 찬물에 헹구고 물기를 짠 뒤 시금치 양념 재료를 넣고 무쳐요.

돼지고기, 표고버섯 양념장을 만든 뒤 잡채용 돼지고기에 ½분량, 표고버섯에 ½분량을 각각 넣고 버무려요.

볼에 양념 재료를 넣고 양념장을 만들어요.

달군 팬에 식용유를 두르고 양파, 당근, 표고버섯, 돼지고기 순으로 각각 센 불에서 아삭하게 볶아 식혀요.

냄비에 당면이 잠길 만큼의 물을 넣고 끓으면 당면, 당면 삶는 양념 재료를 넣고 5분 정도 삶아 체에 걸러 받쳐요.

tip 마지막에 통깨를 뿌려요.

큰 볼에 모든 재료를 넣고, 양념장을 넣어 버무려 완성해요.

201

근사한 레스토랑 부럽지 않아!

목살 스테이크

목살로 소고기 못지않은 맛있는 스테이크를 만들 수 있어요.

돼지고기를 굽기 전에 칼등으로 두드려주면 양념도 더 잘 배고 부드러운 육질을

느낄 수 있답니다. 화룡점정으로 반숙 달걀프라이를 스테이크 위에 올리면

고소한 노른자와 소스가 어우러져 더 맛있게 먹을 수 있어요. 거기에 방울토마토와

샐러드채소를 곁들이면 레스토랑 부럽지 않은 근사한 요리가 완성된답니다.

- 돼지고기 목살 1팩(300g)
- 달걀 1개
- 샐러드 채소 1줌(20g)
- 방울토마토 5개
- 소금 약간
- 후추 약간

소스 재료

- 스테이크 소스 3숟가락
- 굴소스 2숟가락
- 데리야끼소스 1숟가락
- 올리고당 2숟가락
- 다진 마늘 ½숟가락
- 맛술 2숟가락

보관법

요리해서 바로 드시는 것이 좋아요.

볼에 소스 재료를 넣고 소스를 만들어요.

> tip 샐러드용 채소는 물기를 완전이 없애야 해요. 물기가 샐러드 채소에 소스가 묻는 걸 방해해 맛이 싱거워져요.

샐러드 채소는 씻은 후 키친타월로 물기를 제거하고, 방울토마토는 2등분 해요.

목살에 소금, 후추로 밑간해요.

> tip 고기를 80% 정도 익히는 게 좋고, 고기 두께에 따라 굽는 시간은 2~5분 내외로 달라요.

달군 팬에 목살을 앞뒤로 노릇하게 센 불에서 구운 뒤 중불로 줄여서 안쪽까지 구워요.

구운 목살에 소스를 붓고 중불에서 졸이듯 익힌 뒤 소스가 다 졸아들면 불을 꺼요.

달군 팬에 식용유를 두르고 반숙으로 프라이를 해요.

목살스테이크에 달걀프라이를 올리고 샐러드 채소와 방울토마토를 곁들여 완성해요.

정성 가득한 건강 요리

훈제오리 단호박찜

귀한 손님을 초대했을 때 접대하기 손색이 없는 요리예요.

그릇 역할을 하는 호박과 그 속에 담긴 오리고기를 함께 즐길 수 있어

먹는 재미까지 톡톡히 하죠. 정성이 가득 들어간 만큼 만족도가 높은 음식입니다.

만개의레시피
초대요리 랭킹
10위

- 단호박 1개(중간 크기)
- 훈제 오리고기 1+½팩(450g)
- 양파 1개
- 대파 1대
- 청양고추 1개
- 빨강파프리카 ⅓개
- 노랑파프리카 ⅓개

양념 재료

- 고추장 1숟가락
- 고춧가루 3숟가락
- 간장 2숟가락
- 설탕 1숟가락
- 다진 마늘 1숟가락
- 청주 3숟가락
- 참기름 1숟가락

보관법

냉장실에서 하루 정도
보관할 수 있어요.

단호박은 베이킹소다를 이용해 껍질을
깨끗이 씻고, 전자레인지에 4분 정도 돌려요.

단호박 윗부분을 칼로 잘라 뚜껑을 만들고,
숟가락으로 안쪽의 씨를 제거해요.

양파는 채 썰고 대파, 청양고추는 송송 썰고
노랑파프리카와 빨강파프리카는 한입 크기로
썰어요.

볼에 양념 재료를 넣고 양념장을 만들어요.

달군 팬에 오리고기를 중불에서 볶다
기름이 나오면 양파, 대파를 함께 넣어
1~2분 정도 볶은 뒤 양념장을 넣고
섞듯이 볶아요.

양념장과 오리고기가 섞이면, 파프리카,
청양고추를 넣고 한 번 더 볶아요.

tip 넘치지 않도록
꽉 채우지는 마세요.

속을 파둔 호박에 볶은 오리고기를 70%
정도 채우고 뚜껑을 닫은 후 전자레인지에
7~9분 정도 돌려 완성해요.

진정한 밥도둑

삼겹살 감치말이찜

김치찜 하나면 밥 한 공기쯤은 거뜬해요. 이렇게 밥맛을 당기는 요리도 드물죠.

맛있게 익은 김치와 돼지고기만 있으면 맛있는 김치찜 완성. 김치찌개와

다른 점이 있다면 물을 좀 더 자박하게 넣고 설탕을 한 숟가락 추가한다는 점입니다.

삼겹살이 돌돌 말린 김치를 한입에 쏙! 진정한 밥도둑, 김치찜을 맛보세요.

만개의레시피
초대요리 랭킹
11위

- 삼겹살 1팩(300g)
- 묵은지 1팩(500g)
- 양파 ⅛개
- 대파 ½대
- 청양고추 1개

삼겹살 양념 재료

- 다진 마늘 1숟가락
- 다진 생강 약간
- 맛술 1숟가락
- 후추 약간

찜 양념 재료

- 고추장 1숟가락
- 국간장 ½숟가락
- 고춧가루 2숟가락
- 설탕 1숟가락
- 맛술 1숟가락
- 다진 생강 약간
- 김치국물 5숟가락

보관법

냉장실에서 2일 정도
보관할 수 있어요.

1

삼겹살에 삼겹살 양념 재료를 버무려
20분 정도 재워요.

2

볼에 찜 양념 재료를 섞어 양념장을 만들어요.

3

양파는 굵게 채 썰고, 대파와 청양고추는
어슷 썰어요.

4

묵은지는 속을 털어낸 뒤 밑간한 삼겹살을
넣고 돌돌 말아요.

5

냄비에 삼겹살김치말이를 넣고
물 2+½종이컵을 붓고 센 불로 끓여요.

6

tip 김치가 물러져야
더 맛있어요. 김치가 너무 시다면
설탕을 조금 더 넣으세요.

끓으면 양념장을 넣고 양파, 대파, 청양고추를
넣고 약불에서 뚜껑을 닫아 15분간 끓여
완성해요.

우리 집에 친구들이 찾아올 때

갈릭포크 스테이크

친구 여럿을 초대한다면 스테이크보다는 포크스테이크죠. 돼지고기 안심과
각종 채소들을 한입 크기로 썰어 볶아내면 여럿이 먹기에 충분할 만큼 푸짐하고,
보기에도 좋고, 맛도 훌륭한 요리를 완성할 수 있어요. 파프리카와 양송이버섯, 애호박 등이
소스와 어우러지면 고기보다 더 맛있어진다는 게 이 요리의 매력이랍니다.

만개의레시피
초대요리 랭킹
12위

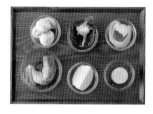

- 돼지고기 안심 ⅔팩(200g)
- 양파 ¼개
- 양송이버섯 4개
- 애호박 ¼개
- 빨강파프리카 ½개
- 노랑파프리카 ½개
- 버터 1숟가락

고기 밑간 재료

- 청주 1숟가락
- 소금 약간
- 후추 약간
- 올리브유 1숟가락

소스 재료

- 올리브유 1숟가락
- 다진 마늘 ½숟가락
- 스테이크소스 3숟가락
- 설탕 ½숟가락

선택 재료

- 편마늘 적당량

보관법

요리해서 바로 드시는 것이 좋아요.

1

양파, 양송이버섯, 애호박, 노랑파프리카, 빨강파프리카, 돼지고기를 한입 크기로 썰어요.

2

고기는 고기 밑간 재료를 넣고 버무려 5분 정도 재워요.

3

볼에 소스 재료를 넣고 소스를 만들어요.

4

달군 팬에 버터를 넣고 밑간한 고기를 중불에서 노릇하게 볶아요.

5

고기가 익으면 양파, 양송이버섯, 애호박, 노랑파프리카, 빨강파프리카를 넣고 1~2분간 더 볶아요.

6

tip 편마늘을 튀겨서 올리면 좋아요. 편마늘을 끓는 물에 1~2분 정도 삶아서 키친타월로 물기를 완전히 닦고, 기름에 튀기면 예쁜 마늘 튀김을 만들 수 있어요.

소스를 넣고 센 불에서 섞듯이 볶아 완성해요.

센 불에 화르륵 볶아 맛있는
대패삼겹살
숙주볶음

 : 2인분 : 30분

불에 화르륵 볶아 각 재료의 질감이 살아있는 요리예요.
대패삼겹살의 고소함과 숙주의 아삭함이 만나면 자꾸만 손이 가는
마성의 요리가 됩니다. 매운맛을 더하고 싶다면 청양고추나 베트남고추를 넣어주세요.
또 다른 별미가 될 거예요.

만개의레시피
초대요리 랭킹
13위

- 대패삼겹살 1팩(300g)
- 파채 1줌(50g)
- 숙주 ½봉지
- 양파 ½개

tip 매운맛을 좋아하시면 청양고추를 넣어요.

양념 재료

- 고춧가루 2숟가락
- 간장 2숟가락
- 올리고당 2숟가락
- 굴소스 2숟가락
- 맛술 2숟가락
- 다진 마늘 ½숟가락

보관법

요리해서 바로 드시는 것이 좋아요.

양파는 굵게 채 썰어요.

볼에 양념 재료를 넣고 양념장을 만들어요.

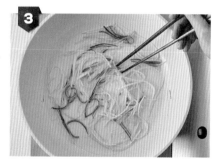

달군 팬에 식용유를 두르고 파채를 넣고 중불에서 볶아요.

파 향이 나면 대패삼겹살을 넣고 센 불에서 1분간 볶아요.

양념장, 양파를 넣고 센 불에서 섞어주면서 볶아요.

tip 숙주는 오래 볶으면 질겨지고, 물이 생기니 타지 않도록 재빨리 볶아야 맛있어요.

tip 완성 후 파채를 더 올려도 좋아요.

양념장이 골고루 섞이고 대패삼겹살이 익으면 숙주를 넣어 재빠르게 볶아 완성해요.

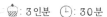
옹기종기 모여
바글바글 끓여 먹는

불고기전골

다정한 사람들과 옹기종기 모여 앉아 바글바글 끓여 먹기에 좋은 요리예요.
맵지 않고 달콤 짭조름하면서도 달달한 맛을 내기 때문에
아이가 있을 때 함께 먹어도 손색이 없어요. 육수에 갖은 채소를 넣어 먹어도 맛있고,
떡이나 고구마 같은 재료를 넣어 먹어도 훌륭해요.

만개의레시피
초대요리 랭킹
14위

- 소고기 불고기용 1+⅓팩(400g)
- 양파 1개
- 당근 ¼개
- 당면 1줌(50g)
- 양배추 3장
- 팽이버섯 1봉지(150g)
- 쪽파 3대

양념 재료

- 간장 3숟가락
- 설탕 2숟가락
- 물엿 1숟가락
- 생강 약간
- 후추 약간

다시마 육수 재료

- 다시마(5×5cm) 2장
- 물 4종이컵

보관법

요리해서 바로 드시는 것이 좋아요.

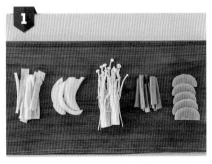

1 양배추, 양파는 굵게 채 썰고, 팽이버섯은 밑동을 잘라 한입 크기로 떼고 쪽파는 5cm 길이로 썰고 당근은 반달 썰어요.

2 당면은 찬물에 10분간 담가 불려요.

3 볼에 양념 재료를 넣고 양념장을 만들어요.

4 냄비에 다시마 육수 재료를 넣고, 중불로 끓여요. 물이 끓으면 불을 끄고 1분 정도 있다가 다시마를 건져요.

5 소고기 불고기용에 양념장을 넣고 섞어요.

6 전골 팬 중간에 밑간한 소고기를 봉긋하게 올리고, 불린 당면을 가장자리에 넣고 당면 옆쪽에 양배추를 올리고, 그 위로 양파, 당근, 팽이버섯, 쪽파를 보기 좋게 올려요.

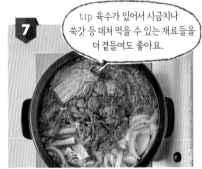

tip 육수가 있어서 시금치나 쑥갓 등 데쳐 먹을 수 있는 재료들을 더 곁들여도 좋아요.

7 만들어 둔 육수를 당면이 잠길 정도로 붓고 센 불에서 한소끔 끓인 뒤 중불로 줄여서 고기가 익을 때까지 끓여 완성해요.

바삭하고 쫀득한

찹쌀탕수육

: 4인분   : 30분

탕수육의 생명은 겉은 바삭하고 속은 부드러운 식감을 살리는 것인데요.
고기를 튀기기 전에 비닐이나 랩을 덮고 망치로 두드려주면
부드럽고 연한 고기를 맛볼 수 있습니다. 거기에 고기를 두 번 튀겨내면
더욱 바삭바삭한 탕수육을 만들 수 있답니다.

- 1cm 두께의 돼지고기 등심 2팩(600g)
- 찹쌀가루 ½종이컵

고기 밑간 재료

- 청주 1숟가락
- 소금 약간
- 후추 약간

튀김 반죽 재료

- 찹쌀가루 1종이컵
- 전분 1종이컵
- 물 1+⅔종이컵

소스 재료

- 당근 ⅙개
- 오이 ⅙개
- 양파 ⅙개
- 간장 2숟가락
- 설탕 7숟가락
- 식초 3숟가락
- 물 1+½종이컵
- 전분물(전분 2숟가락, 물 3숟가락)

보관법

냉장실에서 하루 정도 보관할 수 있어요.

1

고기는 위생비닐을 덮어 밀대로 두드려 펴요.

2

두드린 고기에 고기 밑간 재료를 넣고 10분 정도 재워요.

3

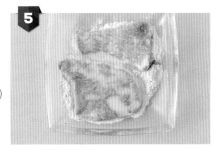

양파는 깍둑 썰고 오이와 당근은 반달썰기 해요.

4

튀김 반죽 재료를 넣고 튀김 반죽을 만들어요.

> tip 1차로 튀김이 노릇하게 되면 꺼냈다가, 5분 정도 후에 2차로 180도의 기름에서 한 번 더 튀기면 더 바삭해요.

5

고기에 반죽을 입힌 뒤 찹쌀가루를 입혀요.

6

170도로 예열된 기름에 반죽 입힌 고기를 튀겨요.

7

> tip 전분을 풀 때 잘 저어줘야 덩어리지지 않아요.

팬에 소스 재료 중 간장, 물, 설탕, 식초를 넣고 센 불에서 끓이다 소스가 끓으면 오이, 양파, 당근을 넣고 한 번 더 끓여요. 전분물을 천천히 넣으면서 잘 저어 농도를 맞춰요.

8

튀긴 고기에 소스를 부어 완성해요.

더운 여름에는 시원한 냉채 요리

새우냉채

무더운 여름에는 지글지글 끓여 먹는 뜨거운 요리보다
차가운 냉채 요리를 만들어보세요. 불 앞에서 씨름하지 않아도 되니 요리하는 사람도
좋고 먹는 이도 좋은 일석이조 요리가 될 거예요. 연겨자가 들어있는 냉채 소스는
취향에 따라 조절할 수 있도록 따로 준비하는 것이 좋습니다.

만개의레시피
초대요리 랭킹
16위

- 칵테일새우 2종이컵
- 청주 1숟가락
- 양파 ½개
- 빨강 파프리카 1개
- 오이 ⅔개

소스 재료

- 식초 3숟가락
- 연겨자 1숟가락
- 설탕 2숟가락
- 다진 마늘 ½ 숟가락

보관법

오래 보관하면 싱거워지고 매운맛도
사라지니 빨리 드시는 것이 좋아요.

1

tip 양파를 찬물에
담그면 매운맛이 빠져요.

양파는 채 썰어 찬물에 담가두고 오이와
빨강 파프리카는 채 썰어요.

2

끓는 물에 청주를 넣고, 새우를 1~2분 정도
익힌 뒤 체에 밭쳐요.

3

볼에 소스 재료를 넣고 소스를 만들어요.

4

tip 냉채류는 미리
섞어 두면 채소가 시들고 물이 생기니,
손님상에 나가기 직전에 소스를
끼얹는게 좋아요.

접시에 채소와 새우를 올리고, 소스를 부어
완성해요.

간단한 재료로 만드는 훌륭한 접대요리

훈제 연어말이

연어는 누구나 좋아하고, 칼로리도 높지 않아 환영받는 식품입니다.
연어만으로 이미 그럴듯한 요리지만 파프리카와 양파를 넣고
돌돌 말아주면 눈으로 보기에도 훌륭한 요리가 완성되지요.
어렵지 않게 뚝딱 만들어낼 수 있는 초간단 손님 초대 요리랍니다.

만개의레시피
초대요리 랭킹
17위

- 훈제연어 1팩(200g)
- 빨강파프리카 ½개
- 노랑파프리카 ½개
- 양파 ¼개

소스 재료

- 마요네즈 3숟가락
- 꿀 1숟가락
- 다진 양파 2숟가락
- 후추 약간
- 레몬즙 ½숟가락

보관법

요리해서 바로 드시는 것이 좋아요.

양파, 노랑파프리카, 빨강파프리카는
채 썰어요.

tip 양파를 찬물에
담가두면 매운맛이 없어져요.

양파는 찬물에 5분 정도 담가요.

볼에 소스 재료를 넣고 소스를 만들어요.

연어를 펼친 뒤 양파, 노랑파프리카,
빨강파프리카를 넣고 돌돌 만 뒤 소스와
곁들여 완성해요.

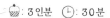

새콤달콤하게 무쳐낸
저칼로리 보쌈 요리

오징어보쌈

보쌈을 고기로만 만든다는 편견을 버리세요.
오징어로 매콤하고 새콤달콤하게 무쳐내면
고기보다 칼로리는 낮고 씹는 맛이 일품인 요리를 만들 수 있답니다.
다양한 쌈채소와 곁들이면 맛이 배가된다는 것 잊지 마세요.

만개의레시피
초대요리 랭킹
18위

- 손질 오징어 2마리
- 무 ⅙개(200g)
- 양파 ⅓개
- 쪽파 3대
- 미나리 7줄기
- 소금 약간
- 통깨 1숟가락

양념 재료

- 고추장 3숟가락
- 고춧가루 4숟가락
- 다진 마늘 1숟가락
- 식초 3숟가락
- 맛술 1숟가락
- 간장 2숟가락
- 물엿 1+½숟가락
- 설탕 1숟가락
- 후추 약간
- 청양고추 1개

보관법

요리해서 바로 드시는 것이 좋아요.

무와 양파는 채 썰고 쪽파와 미나리는 4cm 길이로 썰고 오징어는 한입 크기로 썰어요.

무는 소금 약간을 넣고 10분간 절인 후 물에 헹궈 짜요.

볼에 양념 재료를 넣고 양념장을 만들어요.

끓는 물에 오징어를 넣고 1~2분간 데친 후 찬물에 헹군 뒤 체에 밭쳐 식혀요.

tip 다양한 쌈채소를 곁들여 싸 먹으면 더 맛있어요.

볼에 오징어, 무, 양파, 쪽파, 미나리, 양념장, 통깨를 넣고 무쳐 완성해요.

씹고 뜯고
맛보고 즐기는
돼지갈비찜

돼지갈비찜은 뼈에 붙은 살을 발라먹는 재미가 있는 요리인데요.

무엇보다 고기를 부드럽게 삶는 것이 이 요리의 포인트입니다.

처음 15분간은 센 불에서 익히고 그 후로 약불에서 천천히 졸이면 부들부들한

돼지갈비찜 완성! 맛있게 양념이 밴 각종 채소와 가래떡도 별미 중의 별미입니다.

만개의레시피
초대요리 랭킹
19위

- 돼지갈비 2팩(1kg)
- 당근 1개
- 양파 ½개
- 건표고버섯 2개
- 건고추1개
- 가래떡 1줄
- 청주 2숟가락

양념 재료

- 간장 5숟가락
- 굴소스 2숟가락
- 참기름 1숟가락
- 설탕 1숟가락
- 올리고당 2숟가락
- 청주 1숟가락
- 다진 마늘 1+½숟가락
- 생강가루 ⅓숟가락
- 후추 약간
- 통깨 1숟가락

보관법

냉장실에서 2~3일, 냉동실에서는
15일 정도 보관할 수 있어요.
한 번에 먹을 양만큼 담아서
보관하면 편리해요.

1

돼지갈비는 군데군데 칼집을 낸 뒤
찬물에 담궈 2시간 정도 핏물을 빼요.

2

tip 돼지갈비를 데치면
불순물과 기름이 제거돼요.

핏물을 뺀 돼지갈비는 살이 많은 부위에
칼집을 내요. 팔팔 끓는 물에 청주, 돼지갈비를
넣고 3분간 데쳐 찬물에 헹궈 체에 받쳐요.

3

양파는 4등분으로 썰고, 당근은 한입 크기로
잘라 가장자리를 정리하고, 건표고버섯은 물에
불린 뒤 물기를 짜서 2등분 하고, 가래떡도
먹기 좋은 크기로 잘라요. 건고추는 꼭지 따고,
2등분 해서 씨를 빼요.

4

볼에 양념 재료를 넣고 양념장을 만들어요.

5

돼지갈비는 양념장과 섞어 1시간 정도
재워요.

6

tip 다시마 육수를
사용하면 더 맛있어요.

냄비에 재운 돼지갈비와 물 3종이컵을 넣고
센 불에서 끓여요. 끓으면 양파, 당근,
건표고버섯, 건고추를 넣고 중약불로 낮춰
25분 정도 익혀요.

7

tip 마지막에 대파를
어슷 썰어 넣으면 예뻐요.

당근이 익으면 가래떡을 넣고
말랑말랑해질 때까지 끓여 완성해요.

223

재료 본연의 맛을 살린
오징어
미나리강회

🍚 : 2인분　🕐 : 30분

데친 오징어와 미나리, 각종 채소 본연의 맛이 살아있는 요리입니다.
오징어와 파프리카, 오이의 길이를 통일시켜 미나리로 돌돌 말아주면
보기에도 좋고 맛도 좋은 요리 완성! 아삭아삭 쫄깃쫄깃 씹는 맛이 일품입니다.

만개의레시피
초대요리 랭킹
20위

- 손질 오징어 몸통 1마리
- 미나리 1줌
- 빨강파프리카 ¼개
- 노랑파프리카 ¼개
- 오이 ⅓개

선택 재료

- 초고추장 3숟가락

보관법

요리해서 바로 드시는 것이 좋아요.

오이, 노랑파프리카, 빨강파프리카는
채 썰어요.

끓는 물에 소금을 넣고 미나리를 10~20초
데친 후 찬물에 헹궈 체에 밭쳐요.

끓는 물에 소금을 넣고 오징어를 20초간 데쳐
찬물에 헹군 뒤 링 모양으로 썰어요.

tip 초고추장을
찍어 먹어요.

오징어, 노랑파프리카, 빨강파프리카, 오이를
미나리로 감싸 말아 완성해요.

장미만두

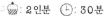

🍽 : 2인분   🕐 : 30분

장미만두를 만드는 원리는 간단해요. 만두피 세 장을 겹쳐 일렬로 늘어놓고
가운데 만두소를 올린 뒤 반으로 접어 한쪽 끝에서부터 돌돌 말면 장미 모양이 완성됩니다.

실패 없이 만들기 위해서는 만두소를 지나치게 많이 넣지 않는 것이 좋아요.

시중에 파는 색깔 만두피를 이용하면 알록달록한 장미 만두를 만들 수도 있어요.

식탁에 어여쁜 장미를 꽃피우세요.

만개의레시피
초대요리 랭킹
21위

- 돼지고기 다짐육 ⅔팩(200g)
- 만두피 20장
- 부추 ⅒줌(10g)
- 양배추 1장

양념 재료

- 다진 마늘 ¼숟가락
- 생강 가루 ⅙숟가락
- 굴소스 1숟가락
- 맛술 1숟가락
- 후추 약간

보관법

한김 식혀 냉동 보관해요.
15일 이내 드세요.
한 번에 먹을 양만큼 담아서
보관하면 편리해요.

1

양배추와 부추는 다져요.

2

볼에 돼지고기, 양배추, 부추를 넣고 양념
재료를 넣은 후 고루 섞어 만두소를 만들어요.

3

만두피 3장을 겹쳐지게 깔고 겹쳐진 부분에
물을 펴 발라요. 만두피 가운데에 만두소를
길게 늘어놓아요.

4

만두피를 반으로 접은 뒤 한쪽 끝에서
돌돌 말아 장미 모양을 만들어요.

5

달군 팬에 식용유를 두르고 만두를 올린 후
물 ¼종이컵을 붓고 뚜껑을 닫아 중불에서
10분간 익혀 완성해요.

다이어트에 좋은 저칼로리 요리

도토리묵
채소말이

아삭아삭 씹는 맛이 일품인 요리예요.

오이와 도토리묵 등 저칼로리 재료들로 만들어 다이어트에도 그만이지요.

메인 요리가 상대적으로 무거운 편이라면, 이 요리를 사이드메뉴로 만들어

전체적인 균형을 잡아보세요. 메인 요리만큼이나 인기 만점 메뉴가 될 거예요.

만개의레시피
초대요리 랭킹
22위

- 도토리묵 ½모
- 빨강파프리카 1½개
- 노랑파프리카 ½개
- 오이 ½개
- 무순 ½줌

소스 재료

- 간장 3숟가락
- 설탕 ½숟가락
- 고춧가루 1숟가락
- 참기름 1숟가락
- 다진 마늘 ½숟가락
- 통깨 1숟가락

보관법

요리해서 바로 드시는 것이 좋아요.

도토리묵은 2등분 하여 0.8cm 두께로 썰고
노랑파프리카와 빨강파프리카는 채 썰어요.

오이를 필러로 슬라이스 해요.

볼에 소스 재료를 넣고 소스를 만들어요.

슬라이스한 오이에 도토리묵 ⇒ 빨강파프리카,
노랑파프리카 ⇒ 무순 순으로 넣고 돌돌 만 뒤
소스와 곁들여 완성해요.

바삭바삭 한입에 쏙쏙!

팝콘치킨

한입에 먹기 좋게 튀겨낸 팝콘치킨이에요.

닭가슴살로 만들어 뼈를 발라낼 필요가 없고 한입에 먹기 좋아

아이들 간식으로 그만입니다. 남은 팝콘치킨은 샐러드 위에 곁들이면

어른들을 위한 훌륭한 치킨샐러드가 된답니다.

만개의레시피
초대요리 랭킹
23위

- 닭가슴살 1팩(500g)
- 우유 1종이컵
- 빵가루 2종이컵

밑간 재료

- 소금 ½숟가락
- 후추 약간
- 맛술 1숟가

튀김반죽 재료

- 튀김가루 4숟가락
- 전분 2숟가락
- 달걀 1개
- 물 6숟가락

보관법

냉장실이나 냉동실에 보관할 수
있으나 눅눅해져 바삭함이 없어지니
되도록 빨리 드시는 것이 좋아요.

tip 닭가슴살을 우유에
담가주면 누린내가 제거돼요.

닭가슴살은 우유에 20분간 담근 후 물에
헹궈 물기를 제거해요.

닭가슴살은 한입 크기로 썬 후 밑간 재료를
넣고 밑간해요.

tip 얼음을 약간 넣으면
더욱 바삭해요.

볼에 튀김반죽 재료를 넣고 튀김옷을
만들어요.

밑간된 닭가슴살에 튀김옷을 입한 다음
빵가루를 묻혀요.

tip 케첩이나
머스터드소스를 찍어 먹어요.

예열된 기름에 튀김옷을 입힌 닭가슴살을
넣어 노릇하게 튀겨 완성해요.

오징어순대

콩나물동태찜

오리주물럭

매생이굴국

육개장

낙지볶음

마늘보쌈

전복버터구이

영양삼계탕

단호박죽

장어구이

낙지연포탕

배찜

버섯비빔밥

잣죽

꽃게찜

두부스테이크

연어스테이크

브로콜리치즈수프

닭가슴살무쌈말이

집밥으로 알차게 원기 보충!

영양식
요리

음식이 곧 보약! 전복, 장어, 낙지 등 스테미너 가득한 음식부터

매생이, 호박, 잣 등 속을 부드럽게 달래 주는 음식까지 원기를 회복시키는 음식들을 모았어요.

영양 가득한 육해공 요리로 떨어진 기력을 보충시켜 보세요.

속이 꽉 찬 영양 요리

오징어순대

 : 4인분 　　 : 30분

돼지고기와 오징어가 만나 환상궁합을 자랑해요.

육식파도 해물파도 모두 좋아할 만한 요리죠.

기름이 굽거나 지지지 않아 어른 아이 할 것 없이 건강하게 먹을 수 있답니다.

아이들이 먹는다면 청양고추는 빼주세요.

만개의레시피
영양식 랭킹
01위

- 오징어(작은 크기) 4마리
- 돼지고기 다짐육 ⅓팩(100g)
- 두부 ½모(150g)
- 숙주 ⅓봉지(90g)
- 표고버섯 3개
- 홍고추 1개
- 청양고추 1개
- 대파 1대
- 밀가루 약간
- 달걀 1개

양념 재료

- 다진 마늘 ½숟가락
- 소금 ⅓숟가락
- 참기름 1숟가락
- 통깨 1숟가락

보관법

냉장실에서 2일 정도
보관할 수 있어요.

tip 얇은 뼈가 있는
곳을 서서히 뜯으면 돼요.

오징어는 배를 가르지 않고 다리와 내장을
분리해요.

숙주, 표고버섯, 오징어 다리는 끓는 물에
데친 후 물기를 제거하고 대파, 청양고추,
홍고추와 함께 다져요.

두부는 면보를 이용해 물기를 제거해요.

볼에 돼지고기, 두부, 오징어다리, 숙주,
표고버섯, 청양고추, 홍고추, 대파, 달걀,
양념 재료를 섞어 속을 만들어요.

오징어 몸 안쪽의 물기를 제거하고 밀가루를
묻힌 후 털어요.

tip 속을 너무
많이 넣으면 터져요.

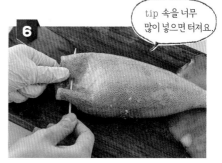

오징어 속에 속(④)을 80% 정도 채운 뒤
터지지 않게 끝을 이쑤시개로 고정해요.

한 김 오른 찜기에 넣어 10~15분 정도 쪄요.

tip 한 김 식힌 후 썰어야
부서지지 않아요. 남은 순대는
달걀물을 묻혀 지져 먹어도
좋아요.

찐 오징어순대를 도톰하게 썰어 완성해요.

콩나물 동태찜

칼칼한 매운맛에 아삭거리는 식감!

🍚 : 2인분   🕐 : 30분

얼린 명태를 일컫는 동태는 비린내가 없는 생선 중의 하나죠.
동태를 이용해서 찜을 만들면 매콤하면서도 깊은 맛을 자랑하는
훌륭한 생선찜이 완성됩니다. 거기에 아삭거리는 식감을 자랑하는
콩나물까지 더했으니 맛이 없을 수 없는 요리랍니다.

만개의레시피
영양식 랭킹
02위

- 손질 동태 1마리(토막낸 것)
- 콩나물 ½봉지(100g)
- 대파 1대
- 청양고추 1개
- 참기름 약간
- 통깨 약간
- 무 ¼개(300g)
- 양파 ½개

양념 재료

- 고춧가루 4숟가락
- 간장 1숟가락
- 액젓 1숟가락
- 설탕 ½숟가락
- 맛술 1숟가락
- 다진 마늘 1숟가락
- 후추 약간

육수 재료

- 멸치 6마리
- 다시마(5×5cm) 1장
- 물 3종이컵

찹쌀물 재료

- 찹쌀가루 2숟가락
- 물 6숟가락

보관법

냉장실에서 1일 정도 보관할 수 있어요.

1 냄비에 육수 재료를 넣고 끓으면 다시마를 건지고 5분 정도 더 끓으면 멸치를 건져요.

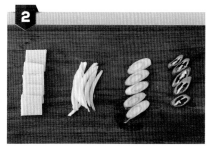

2 무는 나박 썰고 양파는 채 썰고, 대파와 청양고추는 어슷 썰어요. 콩나물은 물에 헹궈 체에 받쳐요.

3 볼에 양념 재료를 넣고 양념장을 만들어요.

4 팬에 손질한 동태, 무, 멸치다시마 육수, 양념장을 넣고 끓여요.

tip 콩나물은 찜용 콩나물이면 머리, 꼬리를 제거하고 사용하세요. 콩나물의 머리 부분은 온도 차이 때문에 비린내를 유발할 수 있어요. 그러니 한소끔 끓을 때까지 뚜껑을 열거나, 닫지 마세요.

5 물이 끓으면 콩나물, 양파, 대파, 청양고추를 넣고 뚜껑을 닫아 약 3분간 익혀요.

6 볼에 찹쌀물 재료를 넣고 찹쌀물을 만들어요.

7 찹쌀물을 넣고 동태가 부서지지 않게 섞어 농도를 걸쭉하게 만들어요.

8 참기름을 넣고 접시에 담은 후 통깨를 뿌려 완성해요.

237

오리고기 먹고
호랑이 기운 불끈

오리주물럭

몸이 허하다 싶을 때 오리와 부추를 이용한 오리주물럭 한 번 먹어보는 건 어떨까요?
오리고기에 주물럭 양념을 재워 놓으면 며칠은 거뜬하게 먹을 수 있습니다.
몸을 뜨겁게 만들어주는 오리고기 먹고 호랑이 같은 기운 불끈 솟아나시길 바랍니다.

만개의레시피
영양식 랭킹
03위

- 주물럭용 오리고기 1마리(1kg)
- 부추 1줌(100g)
- 양파 1개

양념 재료

- 고춧가루 5숟가락
- 고추장 3숟가락
- 간장 4숟가락
- 소금 ½숟가락
- 물엿 3숟가락
- 설탕 2숟가락
- 다진 마늘 1숟가락
- 후추 약간
- 생강가루 ¼숟가락

보관법

냉장실에서 2일, 냉동실에서는
15일 정도 보관할 수 있어요.
한 번에 먹을 양만큼 담아서
보관하면 편리해요.

양파는 채 썰고, 부추는 양파 길이에 맞춰
썰어요.

볼에 양념 재료를 넣고 양념장을 만들어요.

오리고기에 양념장을 버무려 30분간 재워요.

달군 팬에 오리고기 넣고 중불에서 볶아요.

고기가 거의 익으면, 양파와 부추를 넣고
1분간 더 볶아 완성해요.

바다의 보약으로 만드는 따끈한 한상
매생이굴국

매생이와 굴은 모두 칼슘이 풍부해 바다의 보약으로 불리는데요.
특별한 양념 없이 매생이와 굴만으로도 충분히 깊고 진한 국물이 만들어집니다.
이 매생이와 굴로 만든 매생이굴국은 추운 겨울, 몸을 뜨겁게 데워줄
건강 요리가 될 거예요.

만개의레시피
영양식 랭킹
04위

- 매생이 3종이컵(300g)
- 굴 1봉지(150g)
- 다진 마늘 ¼숟가락
- 참기름 1숟가락
- 국간장 2숟가락
- 소금 약간

보관법

냉장실에서 2일 정도
보관할 수 있어요.

매생이는 넓은 볼에 담아 깨끗이 씻고
가위로 잘라요.

굴은 소금을 약간 넣은 물에 껍질이 없도록
2~3번 씻어 주고, 마지막에 찬물로 헹궈 체에
밭쳐요.

달군 냄비에 참기름, 다진 마늘을 넣어
마늘 향이 나도록 약불로 살짝 볶아요.

③에 굴을 넣어 약불로 살짝 볶아요.

④에 물 5종이컵을 넣고 중불로 가열하고
끓으면 매생이를 넣어요.

한 번 더 끓어오르면 국간장을 넣고 한소끔
끓여 완성해요.

241

속을 뜨겁게 데우는
얼큰한 국요리

육개장

 : 8인분   ⏱ :1시간

진하게 우러난 소고기 육수에 갖은 채소가 어우러진 육개장은
걸쭉하고 깊은 맛을 자랑하는데요. 보약이라고 해도 과언이 아닐 만큼
속이 든든해지고 몸에 열이 나게 만들어 주는 음식입니다.
추운 겨울철 보양 음식으로도 좋고 더운 여름철 이열치열 음식으로도 제격이죠.

만개의레시피
영양식 랭킹
05위

- 소고기 사태 1+⅔팩(500g)
- 소고기 양지 1+⅔팩(500g)
- 양파 1+½개
- 불린 고사리 3팩(450g)
- 대파 6대
- 숙주 1봉지(270g)
- 소금 약간

양념 재료

- 고춧가루 6숟가락
- 고추장 1숟가락
- 소금 1숟가락
- 다진 마늘 3숟가락
- 국간장 3숟가락

보관법

냉장실에서 4일, 냉동실에서는
15일 정도 보관할 수 있어요.
한 번에 먹을 양만큼 담아서
보관하면 편리해요.

1 사태와 양지머리에 잠길 만큼의 찬물을 부어
핏물을 제거해요.

tip 물은 고기가 잠길 만큼
부어요. 중간중간 거품과 기름을
제거해주세요.

2 끓는 물에 핏물을 제거한 소고기, 양파 1개를 넣고
센 불에서 끓여요. 끓기 시작하면 불을 중약불로
줄여서 1시간 이상 푹 끓여 육수를 만들어요.

3 삶은 소고기는 건지고 식혀서 찢어요.

4 양파 ½개는 굵게 채 썰고, 대파는 2등분 하여
5cm 길이로 자르고 불린 고사리는 물에 헹궈
물기를 짠 뒤 대파와 비슷한 크기로 썰어요.

5 끓는 물에 숙주나물을 넣어 데치고 체에
밭쳐 물기를 제거해요.

6 볼에 양념 재료를 넣고 양념장을 만들어요.

tip 양념과 재료가 잘
버무려져야 육개장 색이 곱고,
간이 잘 배어요.

7 볼에 모든 채소, 고기, 양념장을 넣고
버무려요.

8 ⑦과 ②를 넣고, 재료가 잠기도록 물을 더 넣은 후
뚜껑을 덮고 센 불에서 끓여요. 중약불로 줄여서
20분 정도 더 끓인 뒤 소금으로 간을 맞추어
완성해요.

바다의 산삼,
낙지를 이용한

낙지볶음

 : 4인분　⏱ : 30분

바다의 산삼이라 불리는 낙지는 예부터 보양 음식으로 잘 알려져 있습니다.
체력이 달리거나 몸이 허할 때 매콤하게 볶아 먹으면 힘이 불끈 솟아나죠.
낙지는 오래 볶으면 질겨지므로 센 불에 재빠르게 볶아야 한다는 점 잊지 마세요.

만개의레시피
영양식 랭킹
06위

- 낙지 7마리
- 양파 2개
- 당근 1개
- 청양고추 1개
- 대파 1대
- 고추기름 5숟가락
- 다진 마늘 1숟가락
- 밀가루 3숟가락
- 굵은 소금 ½숟가락

양념 재료

- 간장 3숟가락
- 고추장 3숟가락
- 고춧가루 3숟가락
- 설탕 3숟가락
- 참기름 1숟가락
- 청주 2숟가락

보관법

냉장실에서 2일 정도
보관할 수 있어요.

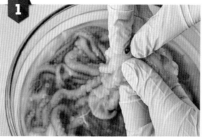

낙지는 머리를 뒤집어 내장을 때어내고,
눈과 이빨도 제거해요.

볼에 낙지, 밀가루, 굵은 소금을 넣고 주물러
씻고, 찬물에 헹궈 체에 받쳐요.

tip 낙지를 살짝 데쳐 두면
볶을 때 시간을 줄여서 물기가
덜 생겨요.

끓는 물에 낙지를 머리부터 넣고 30초간
데친 후 한입 크기로 썰어요.

볼에 양념 재료를 넣고 양념장을 만들어요.

양파는 굵게 채 썰고, 당근은 반달썰기 하고
대파와 청양고추는 어슷 썰어요.

달군 팬에 식용유 2숟가락, 고추기름,
다진 마늘을 넣고 볶아요.

마늘 향이 나면 당근, 양파를 넣고
센 불에서 볶아요.

양파가 투명해지면, 낙지, 양념장,
물 ⅓종이컵을 넣고 센 불에서 볶아요.

양념과 채소, 낙지가 잘 섞이도록 볶은 후
청양고추, 대파를 넣어 완성해요.

마늘과 보쌈고기의
환상적인 만남

마늘보쌈

보쌈 고기를 삶는 데까지는 기존의 보쌈 만드는 법과 같습니다. 여기에 마늘을 넣고
졸여 만든 마늘소스를 화룡점정으로 올리면 삼겹살 특유의 느끼한 맛을 싹 잡아주는
마늘보쌈이 완성됩니다. 마늘소스를 불에 살짝 졸이기 때문에 매운맛은 날아가고
특유의 감칠맛이 살아나죠. 어린이도 먹을 수 있는 온가족 요리입니다.

만개의레시피
영양식 랭킹
07위

- 삼겹살 수육용 2팩(1.2kg)
- 대파 2대
- 통후추 ¼숟가락
- 마늘 8개
- 생강 1개
- 월계수잎 1개
- 양파 ½개
- 청주 2숟가락

소스 재료

- 올리브유 2숟가락
- 다진 마늘 5숟가락
- 올리고당 2숟가락
- 설탕 1숟가락
- 간장 1숟가락
- 식초 1숟가락

선택 재료

- 명이나물 적당량
- 새우젓 약간
- 쌈장 약간

보관법

냉장실에서 2~3일
보관할 수 있어요.

tip 향신채들은 잡내를 없애기
위해서 넣는 것이니, 1~2가지가 없으면
빼도 좋아요. 덩어리 고기의 경우 40분 정도
익으면 속까지 거의 익어요. 나무 꼬치로
찔러 핏물이 나오지 않으면
다 익은 거예요.

1

냄비에 물 1L를 붓고 핏물을 뺀 삼겹살,
대파, 통후추, 통마늘, 생강, 월계수잎, 양파,
청주를 넣고 센 불에 약 40분간 끓여요.

2

삼겹살이 익는 동안 팬에 소스 재료를
넣고 살짝 졸여요.

3

삼겹살을 편으로 썰어요.

tip 명이나물, 새우젓,
쌈장을 곁들이면 좋아요.

4

삼겹살을 접시에 담고 위에 마늘소스를 얹어
완성해요.

입에서 살살 녹는

전복
버터구이

쫄깃쫄깃한 전복 살을 버터, 마늘과 함께 볶아주면
고소하고 향긋한 풍미를 자랑하는 전복버터구이가 완성됩니다.
간편하면서 맛이 훌륭한 영양 만점 요리지요. 이 요리의 관건은 전복 손질인데요.
전복 한쪽 면에 있는 입을 칼로 잘라주어야 한다는 것 잊지 마세요.

만개의레시피
영양식 랭킹
08위

- 전복 6개
- 버터 2숟가락
- 다진 마늘 ½숟가락

양념 재료

- 간장 2숟가락
- 올리고당 1숟가락
- 맛술 1숟가락
- 후추 약간

보관법

요리해서 바로 드시는 것이 좋아요.

전복은 깨끗한 솔로 씻은 뒤 뾰족한 부분에 숟가락을 밀어 넣어 살과 분리해요. 칼로 이빨을 제거하고 내장은 따로 모아 모아 둬요.

손질한 전복 윗면에 칼집을 내요.

볼에 양념 재료를 넣고 양념장을 만들어요.

달군 팬에 버터를 넣고 녹인 후 다진 마늘을 넣어 약불에서 볶아요.

마늘 향이 올라오면 전복을 넣어 앞뒤로 노릇하게 익혀요.

전복이 반 정도 익으면 양념장을 넣고 조려 완성해요.

온 국민의 보양 음식

영양삼계탕

🍚: 2인분　⏱: 1시간

우리나라에는 무더운 여름을 잘 이겨내자는 의미로 초복, 중복, 말복에 보양 음식을 먹는 관습이 있는데요. 이때 삼계탕은 가장 인기 있는 음식으로 꼽힐 만큼 온 국민의 보양 음식으로 사랑받고 있습니다. 만드는 법은 생각보다 어렵지 않아요. 손질된 닭과 한약재 등을 이용해 푹 끓이면 깊은 맛은 물론이고 영양까지 가득한 삼계탕이 완성됩니다. 요리 초보자도 두려움 없이 도전할 수 있는 음식 중의 하나입니다.

만개의레시피
영양식 랭킹
09위

- 닭 삼계탕용 1마리
- 찹쌀 1종이컵
- 마늘 3개
- 대추 4알
- 인삼 1뿌리
- 한약티백 1~2개
- 청주 4숟가락
- 은행 5알

선택 재료

- 대파 1대
- 소금 약간

보관법

냉장실에서 2일 정도
보관할 수 있어요.

1

찹쌀과 잠길 만큼의 물을 붓고 30분간
불려요.

2

tip 닭은 깨끗이 씻어
닭의 꼬리 부분과 지방을
제거한 후 사용해요.

끓는 물에 닭을 넣고 청주 2숟가락을
넣은 후 한소끔 삶아 물에 씻은 뒤 건져요.

3

닭의 뱃속에 인삼, 대추, 마늘, 찹쌀을 넣고
다리를 꼬아 명주실로 묶어요.

4

솥에 물 1L를 붓고 닭과 한약티백, 은행,
③에서 남은 대추, 인삼, 마늘을 넣은 후
물 1L를 더 넣어 20분간 센 불에서 끓여요.

5

tip 취향껏 송송 썬
대파와 소금을 넣어 먹어요.

뚜껑을 열어 청주 2숟가락을 넣고 뚜껑을 닫은 후
30분 가량 센 불에서 더 끓여 완성해요.

달콤한 건강식

단호박죽

: 3인분 : 30분

달콤하고 보드라운 호박죽은
몸과 마음을 따스하게 해주는 위로의 음식입니다.
속이 부대낄 때, 위로가 필요할 때 호박을 넣고 푸욱 끓인 호박죽으로
몸과 마음을 보살펴주세요.

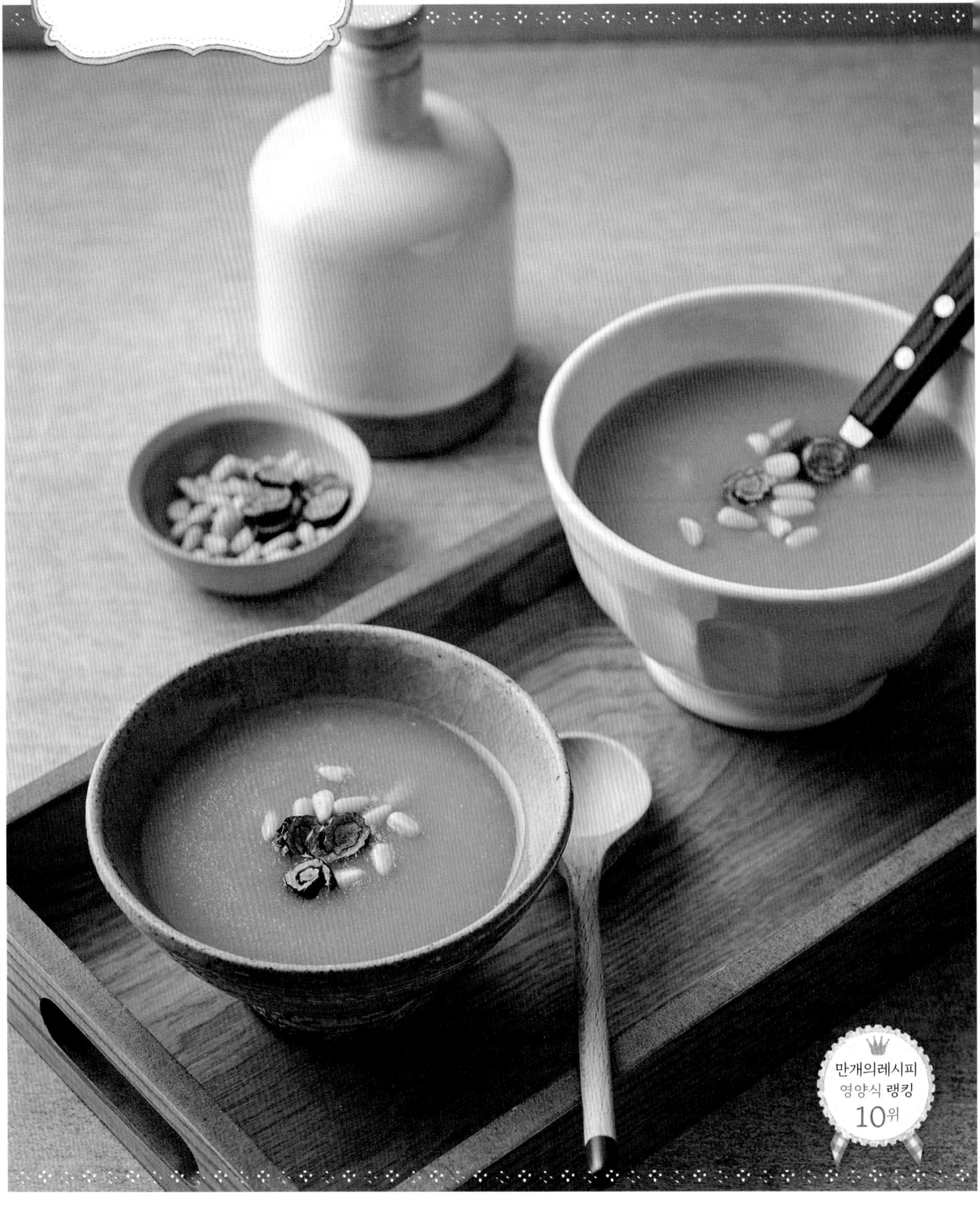
만개의레시피
영양식 랭킹
10위

- 단호박 1개
- 설탕 3숟가락
- 소금 ½숟가락

찹쌀 물 재료

- 찹쌀가루 3숟가락
- 물 ½종이컵

선택 재료

- 대추 1개
- 잣 약간

보관법

냉장실에서 1~2일, 냉동실에서는
15일 정도 보관할 수 있어요.
한 번에 먹을 양만큼 담아서
관하면 편리해요.

1

단호박은 전자레인지에 5분간 돌린 뒤
2등분 하고 씨와 껍질을 제거한 뒤 한입
크기로 썰어요.

2

믹서기에 단호박과 물 2종이컵을 넣고
갈아요.

3

볼에 찹쌀 물 재료를 넣고 찹쌀 물을
만들어요.

4

냄비에 간 단호박(②)과 물 2종이컵을 넣고
중불로 저어가며 끓여요.

5

> tip 찹쌀 물을 조금씩
> 부어가며 농도를 맞춰요.

④에 찹쌀 물, 설탕, 소금을 넣고 약불로
뭉근하게 끓여요.

6

씨를 제거한 대추를 돌돌 말아서 썰고
잣과 함께 단호박죽에 올려 완성해요.

기력 보충에는 이 요리!

장어구이

: 4인분   : 30분

스테미너 음식으로 좋은 장어구이예요.
소금으로 문질러 씻은 뒤, 산초가루를 뿌리거나 레몬즙, 식초를 몇 방울 뿌려주면
비린내 없는 장어구이를 만들 수 있습니다. 장어는 고지방 식품이므로
생강과 함께 먹으면 비린내도 잡고 소화도 아주 잘 된답니다.

만개의레시피
영양식 랭킹
11위

- 손질 장어 2마리

tip 껍질 쪽에 뜨거운 물을 부어
올라오는 진액을 깨끗이 긁어내세요.

양념 재료

- 고춧가루 1숟가락
- 다진 마늘 1숟가락
- 간장 1+½숟가락
- 매실액 2숟가락
- 설탕 1숟가락
- 올리고당 1숟가락
- 청주 2숟가락
- 생강술 1숟가락
- 후춧가루 ⅓숟가락

밑간 재료

- 참기름 1숟가락
- 간장 ⅓숟가락

보관법

냉장실에서 1~2일 보관할 수 있어요.
한 번에 먹을 양만큼 담아서
보관하면 편리해요.

장어는 10cm 길이로 자르고 등쪽에 칼집을
낸 뒤 밑간 재료를 발라요.

볼에 양념 재료를 넣고 양념장을 만든 뒤
팬에 붓고 약불로 한소끔 끓여요.

달군 팬에 식용유를 두르고 손질 장어를
등쪽부터 중불에서 구워요.

장어가 노릇해지면 양념장을 앞뒤로
발라가며 타지 않게 구워 완성해요.

낙지연포탕

🍚 2인분　⏱ : 30분

연포탕 하면 보통 낙지를 떠올리는 경우가 많은데요. 연포탕은 '연포(軟泡)'로 끓인
'국(湯)'을 일컫는 말로 여기서 연포는 두부를 가리킵니다.

여기에 비교적 가격이 저렴한 두부는 사라지고 연포탕을 대표하는 것은 낙지가 된 것이죠.
낙지, 무, 콩나물 등이 우러난 맑은 국물은 특유의 깔끔하고 시원한 맛을 자랑합니다.

낙지는 조금 번거롭더라도 밀가루와 소금을 넣고 빡빡 주물러 씻어주세요.
그래야만 낙지 빨판에 있는 뻘을 말끔히 제거할 수 있답니다.

만개의레시피
영양식 랭킹
12위

- 낙지 3마리
- 무 ⅛개(50g)
- 콩나물 ½봉지(100g)
- 양파 ½개
- 애호박 ⅓개
- 느타리버섯 ¼팩(50g)
- 다진 마늘 ¼숟가락
- 대파 1대
- 밀가루

양념 재료

- 국간장 1숟가락
- 소금 약간

보관법

냉장실에서 2일 정도
보관할 수 있어요.

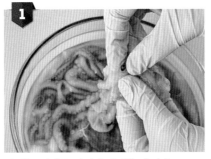

1

낙지는 머리를 뒤집어 내장을 때어내고,
눈과 이빨을 제거해요.

2

볼에 낙지, 밀가루, 소금을 넣고 빡빡
주물러 씻고, 찬물에 헹궈 체에 밭쳐요.

3

느타리버섯 밑동을 잘라 한입 크기로 썰고
무는 나박 썰고 애호박은 반달 썰고 양파는
한입 크기로 썰고 대파는 어슷 썰어요.
콩나물은 깨끗이 씻어 체에 밭쳐요.

4

전골 냄비에 무, 애호박, 콩나물, 양파,
느타리버섯을 담고 잠길 만큼 물을 부어
센 불에서 끓여요.

5

tip 매운맛을 원하면
청양고추를 썰어 넣어요.

콩나물이 익으면 다진 마늘과 낙지, 대파를 넣어
중불에서 끓인 뒤 국간장 1숟가락과 소금 약간을
넣어 완성해요.

배찜

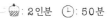 : 2인분 ⏱ : 50분

배숙으로도 잘 알려진 배찜이에요.

배에 들어있는 '루테오린'이라는 성분은 기침과 가래를 없애고

기관지 질환을 완화하는 효능을 가지고 있어 환절기 감기 예방에 제격입니다.

한겨울 영양 간식으로도 좋고 후식 메뉴로도 좋으니 다양하게 도전해보세요.

만개의레시피
영양식 랭킹
13위

- 배 1개
- 껍질 벗긴 도라지 1대
- 대추 2개
- 꿀 2숟가락

선택 재료

- 잣 ⅓숟가락

보관법

요리해서 바로 드시는 것이 좋아요.

도라지는 얇게 채 썰고, 대추도 씨를 뺀 뒤
채 썰어요.

배는 꼭지 부분을 가로로 잘라 숟가락으로
속을 파요.

볼에 도라지, 파낸 배의 속, 꿀을 넣고 섞어요.

배에 ③을 넣고 대추를 올린 뒤 배 꼭지를
덮어요.

tip 찜기 사용 시
물이 팔팔 끓어 김 오른
찜기에 넣고 쪄야 해요.

그릇에 배를 담고 김 오른 찜기에 올려
중약불로 약 40분간 쪄요.

쪄낸 배는 국물과 함께 그릇에 담고 고명으로
잣을 올려 완성해요.

고기 이상의 식감!

버섯비빔밥

고기 못지않은 식감을 가지고 있는 버섯은

그 종류마다 각기 다른 향과 맛을 가지고 있습니다.

여러 종류의 버섯을 이용하면 다양한 풍미를 가진 비빔밥을 맛볼 수 있죠.

달걀 프라이만 뺀다면 비건 음식으로도 좋은 메뉴입니다.

만개의레시피
영양식 랭킹
14위

- 백만송이버섯 2줌(150g)
- 느타리버섯 1줌(75g)
- 표고버섯 3개
- 양파 ½개
- 애호박 ¼개
- 당근 ¼개
- 밥 2공기
- 소금 약간
- 후추 약간
- 달걀 2개

양념 재료

- 간장 3숟가락
- 맛술 1숟가락
- 참기름 1숟가락
- 다진 대파 1숟가락
- 다진 청양고추 1숟가락
- 고춧가루 ½숟가락
- 물 1숟가락

선택 재료

- 참기름 1숟가락
- 통깨 약간

보관법

요리해서 바로 드시는 것이 좋아요.

1

백만송이버섯과 느타리버섯, 표고버섯은
밑동을 잘라 한입 크기로 썰고, 양파, 애호박,
당근은 곱게 채 썰어요.

2

팬에 식용유를 두르고 달걀프라이를 해요.

3

달군 팬에 식용유을 두르고 양파 ⇨ 애호박
⇨ 당근 순으로 각각 타지 않게 중불에서
볶아요.

4

tip 버섯은 약불에서
시간을 두고 오래 볶아야
물기가 생기지 않아요.

달군 팬에 식용유을 두르고 백만송이버섯,
느타리버섯, 표고버섯을 넣고 소금, 후추를
뿌려 볶아요.

5

볼에 양념 재료를 넣고 양념장을 만들어요.

6

tip 비빌 때 참기름과
통깨를 약간 넣으면 좋아요.

그릇에 밥을 담고 볶은 채소(③)와 버섯(④),
달걀프라이를 올린 뒤 양념장과 곁들여
완성해요.

261

부드러운 식감이 일품

잣죽

🍚 : **2**인분 🕐 : **30**분

잣죽은 부드러운 식감으로 환자의 회복식에 좋고 간단한 아침식사로도
그만인 음식입니다. 만드는 법은 생각보다 복잡하지 않아요.
잣과 쌀을 갈아서 오래 저으면 뚝딱 완성되지요. 주의할 점은 잣죽은
미리 간을 하지 않는다는 거예요. 먹기 전에 기호에 따라 간을 해주세요.

만개의레시피
영양식 랭킹
15위

- 쌀 1종이컵
- 잣 ½종이컵
- 소금 약간

보관법

냉장실에서 하루 정도
보관할 수 있어요.

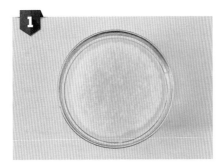

쌀을 깨끗이 씻어 1시간 정도 불려요.

믹서기에 불린 쌀, 잣, 물 1종이컵을 넣어
곱게 갈아요.

tip 물은 한 번에
다 붓지 말고 2~3번 나눠
부어가며 끓여요.

tip 소금을 먼저 넣으면
죽이 삭으니 먹기 전에 따로 해요.

냄비에 갈아놓은 재료와 물 2종이컵을 붓고
끓기 시작하면 약불로 줄여서 천천히 저으면서
끓여요. 걸쭉해지면 불을 끄고 완성해요.

칼칼한 맛으로 입맛을 돋우는

꽃게찜

꽃게 다듬는 일이 생각보다 쉽지 않지만
그 수고만큼 맛으로 보상을 안겨주는 요리예요.
봄, 가을 꽃게 살이 차오를 때 해먹으면 그 맛에 반할 수밖에 없는 별미 중의 별미이죠.
봄에는 알과 살이 꽉 찬 암꽃게가, 가을에는 살이 꽉 찬 수꽃게가 맛있답니다.

만개의레시피
영양식 랭킹
16위

- 꽃게 3마리
- 바지락 1봉지(200g)
- 콩나물 1봉지(200g)
- 대파 3대
- 양파 ½개
- 청양고추 1개
- 청주 1숟가락
- 참기름 1숟가락
- 통깨 ½숟가락

양념 재료

- 고추장 2숟가락
- 고춧가루 2숟가락
- 간장 3숟가락
- 맛술 2숟가락
- 설탕 1숟가락
- 다진 마늘 1숟가락

전분물 재료

- 전분 1숟가락
- 물 2숟가락

보관법

냉장실에서 하루 정도
보관할 수 있어요.

1

꽃게는 솔로 문질러 씻고 게딱지를 열어 아
가미를 제거한 뒤 2등분 해요.

2

바지락은 한 번 헹군 후 소금물에 해감해요.

3

대파는 2등분 한 후 5cm 길이로 자르고
양파는 채 썰고 청양고추는 송송 썰어요.

4

볼에 양념 재료를 넣고 양념장을 만들어요.

5

팬에 꽃게, 바지락, 물 1종이컵, 청주를 넣고
센 불에서 끓여요.

6

끓어오르면 콩나물, 양파, 대파, 청양고추,
양념장을 넣고 한소끔 끓여요.

7

tip 전분물은
조금씩 나눠 넣어
농도를 조절해요.

콩나물이 익으면 전분물을 넣고 섞어요.

8

tip 쑥갓, 미나리 등
향신채소를 더하면 좋아요.

걸쭉해지면 불을 끄고 참기름, 통깨를 뿌려
완성해요.

두부
스테이크

 : 4인분   : 30분

고기 없이도 충분히 맛있는 스테이크를 만들 수 있어요.

특히 아이들 영양 간식으로 손색없지요.

평소 잘 먹지 않는 채소들을 다져 넣으면

스테이크를 먹으면서 동시에 채소까지 섭취할 수 있다는 장점이 있답니다.

만개의레시피
영양식 랭킹
17위

- 두부 1+⅔모(500g)
- 당근 ¼개
- 빵가루 4숟가락
- 전분 4숟가락
- 체다슬라이스치즈 3장
- 소금 약간

소스 재료

- 스테이크 소스 5숟가락
- 케첩 1숟가락
- 올리고당 1숟가락
- 물 4숟가락

보관법

두부패티만 냉동실에 보관할 수
있어요. 15일 이내 드세요.
한 번에 먹을 양만큼 담아서
보관하면 편리해요.

볼에 소스 재료를 넣고 소스를 만들어요.

tip 으깨는 정도에 따라
스테이크 식감이 변해요.

두부는 물기를 제거하고 칼등을 이용해
으깨고 당근은 다져요.

으깬 두부에 당근, 빵가루, 전분, 소금을
넣어 반죽을 만들어요.

반죽을 동그랗게 패티 모양으로 만들어요.

달군 팬에 식용유를 두르고 두부 패티를
넣고 중약불에 앞뒤로 노릇하게 구워요.

tip 마지막에
파슬리가루를 뿌려도
좋아요.

두부 패티 위에 소스를 넣어 졸인 뒤
체다슬라이스치즈를 얹어 완성해요.

초보자도 쉽게 만드는
연어
스테이크

🧁 : 2인분   🕐 : 30분

오메가3가 가득한 연어는 생으로 먹어도 맛있지만 프라이팬에 구우면 생으로
먹을 때와는 또 다른 식감과 맛을 자랑합니다. 생각보다 쉽게 보기에도 좋고 맛도 좋은
요리를 완성할 수 있어 손님 접대에 제격이죠. 통마늘이나 아스파라거스 이외에
집에 있는 다양한 채소를 활용하여 세상에서 단 하나뿐인 연어스테이크를 만들어보세요.

만개의레시피
영양식 랭킹
18위

- 생연어 2팩(400g)
- 소금 약간
- 후추 약간
- 올리브유 약간
- 버터 1숟가락
- 통마늘 3개
- 아스파라거스 6개
- 레몬 ¼개

소스 재료

- 간장 2숟가락
- 맛술 2숟가락
- 올리고당 1숟가락
- 물 2숟가락

보관법

냉장실에서 하루 정도
보관할 수 있어요.

1 생연어는 소금, 후추로 밑간하고 레몬을 올려 잠시 재워요.

2 볼에 소스 재료를 넣고 소스를 만들어요.

3 달군 팬에 올리브유를 살짝 두르고 생연어의 껍질 쪽 먼저 중불에서 익혀요.

tip 씨겨자를
찍어 먹거나 시판 소스를
곁들여도 좋아요.

4 ③에 버터를 녹인 뒤 통마늘, 아스파라거스를 익혀 접시에 담고 소스를 뿌려 완성해요.

브로콜리 치즈수프

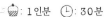

: 1인분　 : 30분

브로콜리가 몸에 좋다는 사실을 모두가 알고 있지만 데쳐서만 먹으면
지겨울 때도 있죠. 이럴 때 브로콜리 치즈수프를 만들어보세요.
평소 알고 있는 브로콜리와는 다른 깊고 풍부한 풍미를 자랑하는 수프가 완성된답니다.
빵과 함께 곁들이면 든든한 한 끼를 먹을 수 있어요.

만개의레시피
영양식 랭킹
19위

- 브로콜리 ⅕개(50g)
- 감자 ½개
- 양파 ¼개
- 버터 1숟가락
- 우유 1종이컵
- 후추 약간
- 슬라이스체다치즈 1장
- 파마산치즈 가루 1숟가락
- 피자치즈 2숟가락
- 크루통(식빵 구운 것) 적당량
- 소금 약간

보관법

냉장실에서 3일, 냉동실에서는
15일 정도 보관할 수 있어요.
한 번에 먹을 양만큼 담아서
보관하면 편리해요.

1

껍질을 벗긴 감자와 양파는 채 썰고
브로콜리는 한입 크기로 썰어요.

2

tip 버터가 타지
않도록 주의하세요.

달군 팬에 버터를 녹이고 양파, 감자,
브로콜리를 중불에서 볶아요.

3

양파가 노릇해지면 한 김 식혀 믹서기에
넣고 물 1종이컵과 함께 갈아요.

4

갈아놓은 재료를 냄비에 넣고 중불에서
한소끔 끓여요.

5

끓으면 우유를 넣고 다시 중불에서
끓여요.

6

tip 유제품은 오래
끓이면 유막이 생겨요.

한소끔 끓으면 슬라이스체다치즈,
피자치즈, 파마산치즈 가루, 소금, 후추를
넣고 약불에서 한소끔 더 끓여요.

7

그릇에 ⑥을 담은 후 크루통을 올려
완성해요.

🧁 : 2인분　⏲ : 30분

새콤달콤 자꾸만 손이 가는 사이드메뉴

닭가슴살 무쌈말이

메인 요리가 아님에도 존재감을 뽐내는 요리로는 이만한 게 없죠.

불을 이용한 뜨거운 요리가 아니어도 충분히 고급스러운 요리를 준비할 수 있어요.

쌈무 안에 빨강, 노랑 파프리카를 넣으면 알록달록 보기도 좋고 식감도 좋아집니다.

거기에 닭가슴살까지 더하면 가볍고 맛있는 저칼로리 다이어트 음식 완성!

만개의레시피
영양식 랭킹
20위

- 쌈무 ½팩
- 통조림 닭가슴살 1개(135g)
- 빨강파프리카 ½개
- 노랑파프리카 ½개
- 양파 ½개
- 무순 ¼팩

tip 닭가슴살캔 대신 훈제닭가슴살을 사용해도 괜찮아요.

소스 재료

- 머스터드 소스 4숟가락
- 매실액 2숟가락
- 연겨자 ½숟가락

보관법

요리해서 바로 드시는 것이 좋아요.

1

닭가슴살은 체에 밭쳐 기름을 빼요.

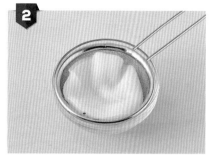

2

쌈무는 체에 밭쳐 물을 빼요.

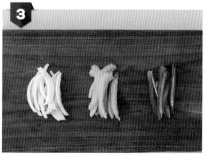

3

양파, 노랑파프리카, 빨강파프리카는 채 썰어요.

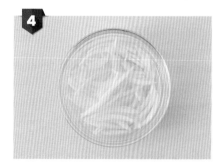

4

채 썬 양파는 찬물에 담가 건져요.

5

볼에 소스 재료를 넣고 소스를 만들어요.

6

쌈무에 닭가슴살, 양파, 노랑파프리카, 빨강파프리카, 무순을 넣어 돌돌 말고 소스와 곁들여 완성해요.

출출할 때 생각나는

간식 요리

밥보다 더 맛있는 간식요리! 아이들을 위한 영양 간식부터 어른들을 위한 야식까지

연령이나 상황에 어울리는 다양한 간식 요리법을 담았어요. 달고, 짜고, 고소하고, 담백한 간식까지

눈으로도 즐기고 입으로도 즐기는 간식 레시피를 소개합니다.

쫄깃쫄깃 단짠단짠

간장떡볶이

🍚 : 2인분   🕐 : 30분

매운 떡볶이를 먹지 못하는 이들을 위한 요리예요.
떡의 쫄깃함과 간장 양념의 달콤 짭조름한 맛이 어울리면서
고추장떡볶이와는 또 다른 매력을 자랑하지요.
아이들을 위한 간식으로도 손색없어요.

만개의레시피
간식요리 랭킹
01위

- 떡국떡 3줌(300g)
- 프랑크소시지 1개
- 양파 ½개
- 대파 ¼대

양념 재료

- 간장 3숟가락
- 맛술 2숟가락
- 올리고당 2숟가락
- 다진 마늘 1숟가락
- 참기름 1숟가락
- 물 ⅔종이컵
- 후추 약간

선택 재료

- 통깨 약간

보관법

요리해서 바로 드시는 것이 좋아요.

떡국떡은 물에 헹군 후 체에 밭쳐 물기를
제거해요.

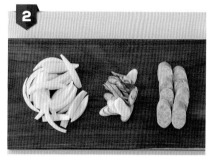

양파는 채 썰고 대파와 프랑크소시지는
어슷 썰어요.

볼에 양념 재료를 넣고 양념장을 만들어요.

달군 팬에 식용유를 두르고 양파, 프랑크소시지,
떡국떡을 넣고 중불에서 2~3분간 볶아요.

tip 마지막에
통깨를 뿌려도 좋아요.

양념장을 붓고 끓어오르면 대파를 넣고
중약불에서 국물이 자작해지도록 끓여
완성해요.

오븐 따윈 필요 없어!

닭날개구이

: 3인분 : 30분

집에서 오븐 없이도 맛있는 닭구이 요리를 만들어봐요.

우유에 닭날개를 담가놓으면 닭 특유의 누린내를 잡을 수 있습니다.

센 불에 닭을 구우면 겉은 타고 속은 익지 않기 때문에 약불로 노릇노릇 구운 뒤

뚜껑을 덮어 속까지 익히면 맛있는 닭날개구이를 만들 수 있답니다.

만개의레시피
간식요리 랭킹
02위

- 닭날개 1팩(500g)
- 우유 1종이컵
- 파슬리가루 약간

양념 재료

- 올리브유 2숟가락
- 맛술 2숟가락
- 올리고당 2숟가락
- 간장 3숟가락
- 다진 마늘 ½숟가락
- 후추 약간

보관법

냉장실에서 2~3일, 냉동실에서는
15일 정도 보관할 수 있어요.
한 번에 먹을 양만큼 담아서
보관하면 편리해요.

tip 닭날개를 우유에
담가주면 누린내가 제거돼요.

닭날개는 우유에 10분간 담가두었다가
물에 헹군 뒤 체에 밭쳐 물기를 제거해요.

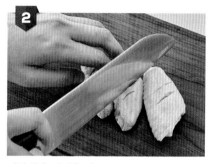

닭날개에 칼집을 내요.

볼에 양념 재료를 넣고 양념장을 만들어요.

볼에 양념장과 칼집 낸 닭날개를 넣고
10분간 재워요.

달군 팬에 식용유를 두르고 닭날개를 약불에서
앞뒤로 노릇하게 굽다가 뚜껑을 닫아 속까지
익힌 뒤 파슬리가루를 뿌려 완성해요.

식빵의 변신은 무죄

식빵핫도그

바삭하게 튀겨진 식빵핫도그를 한입 베어 물면 달콤하고 바삭한 식빵 안으로 사르르
녹아있는 짭조름한 치즈와 쫀득한 프랑크소시지를 맛볼 수 있어요. 출출할 때
간식으로 좋은 단짠단짠 메뉴죠. 프랑크소시지 대신 가래떡이나 스트링치즈
등을 넣고 이색 핫도그를 만드는 방법도 있으니 취향 따라 다양하게 만들어보세요.

만개의레시피
간식요리 랭킹
03위

- 식빵 3장
- 프랑크소시지 3개
- 깻잎 3장
- 체다슬라이스치즈 3장
- 달걀 2개
- 소금 약간
- 빵가루 1종이컵

선택 재료

- 설탕 약간
- 토마토케첩 약간
- 머스터드소스 약간

보관법

냉장실에서 2~3일, 냉동실에서는
15일 정도 보관할 수 있어요.
한 번에 먹을 양만큼 담아서
보관하면 편리해요.

식빵을 밀대로 납작하게 밀어요.

식빵 위에 깻잎, 체다슬라이스치즈,
프랑크소시지를 올리고 돌돌 말아요.

달걀에 소금을 넣고 풀어요.

②에 달걀물 ➡ 빵가루 순으로 튀김옷을
묻혀요.

tip 튀긴 식빵핫도그는
기름기를 털어낸 뒤 취향에 따라
설탕, 케첩, 머스터드 소스를
뿌려 먹어요.

식용유를 자작하게 두른 팬에 ④를 넣어
노릇하게 튀기듯 구워 완성해요.

떡볶이의 무한 변신!

짜장떡볶이

떡볶이는 어떠한 양념을 더해도 어울리는데요.

이번에는 짜장을 이용한 떡볶이에요. 여기에 고춧가루까지 더하면 고추장떡볶이와

다른 매콤하고 짭조름하고 달큰한 마성의 짜장떡볶이가 완성됩니다.

어른도 아이도 좋아하는 짜장떡볶이에 도전해보세요.

만개의레시피
간식요리 랭킹
04위

- 떡볶이떡 2+¼줌(250g)
- 사각어묵 4장
- 프랑크소시지 1개
- 양파 ½개
- 대파 1대
- 참기름 1숟가락
- 통깨 1숟가락

양념 재료

- 간장 1+½숟가락
- 설탕 1+½숟가락
- 다진 마늘 ½숟가락
- 고추장 1숟가락
- 짜장가루 3숟가락

tip 매운맛을 좋아하면
고춧가루를 약간 추가해요.

보관법

요리해서 바로 드시는 것이 좋아요.

양파는 채 썰고 대파와 프랑크소시지는
어슷 썰고 사각어묵는 한입 크기로 썰어요.

떡볶이떡은 찬물에 헹군 후 체에 밭쳐
물기를 빼요.

달군 팬에 식용유를 두르고 양파 ⇨
프랑크소시지 ⇨ 사각어묵 ⇨ 떡볶이떡 순으로
넣고 중불에서 양파가 투명해질 때까지 볶아요.

③에 물 3종이컵과 양념 재료를 넣고
센 불에서 한소끔 끓여요.

떡이 말랑해지면 대파를 넣고 중약불에서
5분간 더 끓인 뒤 불을 끄고 참기름과
통깨를 넣어 완성해요.

283

아이들을 위한 영양 간식

고구마튀김

🧁 : 4인분   🕐 : 30분

쩌 먹는 고구마가 조금은 심심하고 밋밋하다 느껴질 때 고구마튀김을 만들어보세요.
바로 노릇노릇하게 튀겨낸 고구마튀김은 냄새만으로도 충분히 맛있는
최고의 간식이지요. 매번 튀긴 음식을 간식으로 먹을 수는 없겠지만,
가끔 이런 이벤트가 즐거운 추억을 만들어줄 거예요.

만개의레시피
간식요리 랭킹
05위

- 고구마 2개

튀김옷 재료

- 튀김가루 1종이컵
- 물 1+⅓종이컵
- 파슬리가루 1숟가락

보관법

냉장실에서 2일, 냉동실에서는
15일 정도 보관할 수 있어요.
한 번에 먹을 양만큼 담아서
보관하면 편리해요.

1

깨끗이 씻은 고구마는 0.5cm 두께로
통썰기 해요.

2

> tip 고구마를 찬물에
> 담가주면 전분기가 제거돼요.

볼에 고구마와 잠길 만큼의 찬물을 부어
10분간 담근 후 물기를 제거해요.

3

> tip 물은 조금씩
> 나눠 넣어 흐를 정도로
> 농도를 맞춰요.

볼에 튀김옷 재료를 넣고 튀김옷을 만들어요.

4

> tip 1차로 튀겨 식힌 후
> 한 번 더 튀기면 더욱 바삭해요.

고구마에 튀김옷을 묻힌 후 예열된 기름에
넣어 노릇하게 튀겨 완성해요.

밥으로 만드는 귀여운 간식

밥도그

길거리 대표 간식, 핫도그를 밀가루 대신 밥을 이용해서 만들어보아요.

아이와 함께 비엔나소시지에 밥을 감싸며 함께 만들어도 좋아요.

식은 밥 처리에도 좋고, 밥 대용으로도 좋은 간식이랍니다.

만개의레시피
간식요리 랭킹
06위

- 밥 2공기
- 비엔나소시지 10개
- 양파 ⅙개
- 당근 ⅙개
- 쪽파 2대
- 달걀 1개
- 소금 약간
- 후추 약간
- 밀가루 ½종이컵
- 빵가루 2종이컵

보관법

냉장실에서 2일, 냉동실에서는 15일 정도 보관할 수 있어요. 한 번에 먹을 양만큼 담아서 보관하면 편리해요.

껍질을 벗긴 양파와 당근은 다지고 쪽파는 송송 썰어요.

볼에 밥, 양파, 당근, 쪽파, 소금, 후추를 넣고 섞어요.

꼬치에 비엔나소시지를 끼운 후 밥으로 감싸요.

tip 취향에 따라 케첩이나 머스터드소스를 뿌려요.

③을 밀가루 ⇨ 달걀물 ⇨ 빵가루 순으로 묻힌 후 예열된 기름에 튀겨 완성해요.

아이 간식으로도 맥주 안주로도 딱!

고구마
치즈스틱

만두피 안에 달콤한 고구마와 쫄깃한 스트링치즈가 가득 들어 있어요.

속은 촉촉하고 겉은 바삭한 고구마치즈스틱이에요.

미리 만들어 두고 출출할 때마다 냉장고에서 꺼내 구워 먹으면

어렵지 않게 맛있는 간식을 먹을 수 있답니다.

만개의레시피
간식요리 랭킹
07위

- 만두피 8장
- 고구마 2개
- 스트링치즈 4개
- 우유 1숟가락
- 올리고당 1숟가락

보관법

냉장실에서 2일, 냉동실에서는
15일 정도 보관할 수 있어요.
한 번에 먹을 양만큼 담아서
보관하면 편리해요.

고구마를 쪄요.

찐 고구마는 껍질을 벗겨 으깬 후 우유,
올리고당을 넣고 섞어요.

스트링치즈는 2등분으로 썰어요.

만두피에 스트링치즈와 고구마를 넣고
가장자리에 물을 묻힌 후 돌돌 말아 감싸요.

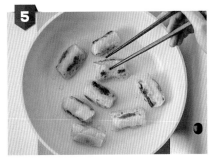

달군 팬에 식용유를 두르고 고구마치즈스틱을
노릇하게 구워 완성해요.

이영자가 알아본 그 메뉴!

소떡소떡

🧁 : 3인분　🕐 : 30분

이영자가 휴게소 메뉴로 소개하면서 전국 휴게소를 강타한 메뉴예요.
요즘도 주말 휴게소에는 소떡소떡 파는 곳만 줄이 아주 길게 늘어서 있다고 하죠.
우리는 그럴 필요 없이 집에서 만들어보아요. 취향에 맞게 소세지 두 개에 떡 하나를 넣은
'소소떡소소떡'이나 소세지 하나에 떡 두개를 넣은 '소떡떡소떡떡'을 만들 수도 있답니다.

만개의레시피
간식요리 **랭킹**
08위

- 치즈떡볶이떡 9개
- 비엔나소시지 9개
- 다진 땅콩 2숟가락

양념 재료

- 고추장 1숟가락
- 올리고당 3숟가락
- 다진 마늘 ½숟가락
- 케첩 3숟가락
- 간장 ½숟가락
- 물 3숟가락

보관법

냉장실에서 2일, 냉동실에서는
15일 정도 보관할 수 있어요.
한 번에 먹을 양만큼 담아서
보관하면 편리해요.

1

끓는 물에 치즈떡과 소시지를 넣고 1분간
데쳐요.

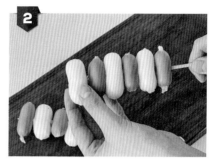

2

꼬치에 치즈떡과 소시지를 번갈아 각각
3개씩 꽂아요.

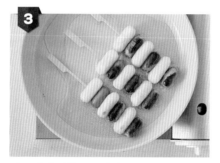

3

달군 팬에 식용유를 넉넉히 두른 후
소떡소떡을 노릇하게 튀겨요.

4

팬에 양념 재료를 넣고 약불로 끓여요.

5

튀긴 소떡소떡(③)에 양념을 바른 후
다진 땅콩을 뿌려 완성해요.

길거리 토스트 그 맛 그대로

햄치즈
토스트

다채로운 재료가 들어간 것도 아닌데 유독 맛있는 토스트예요.
길에서 사 먹었던 토스트 그 맛 그대로 재현해보세요.
길에서 멀리서부터 풍기던 향의 주인공은 마가린이었을 텐데요.
우리는 마가린 대신 버터를 이용해 노릇노릇 고소하게 구워보아요.

만개의레시피
간식요리 랭킹
09위

- 식빵 4장
- 슬라이스체다치즈 2장
- 슬라이스햄 2장
- 딸기잼 2숟가락
- 버터 2숟가락

달걀물 재료

- 달걀 2개
- 우유 ½종이컵
- 소금 약간

보관법

요리해서 바로 드시는 것이 좋아요.

달군 팬에 슬라이스햄을 넣고 앞뒤로 구워요.

식빵 한쪽 면에 딸기잼을 발라요.

식빵 위에 슬라이스햄, 슬라이스체다치즈 순으로 올린 뒤 식빵으로 덮어요.

볼에 달걀물 재료를 넣고 풀어요.

달걀물에 ③을 적시고 달군 팬에 버터를 녹여요. 달걀물을 입힌 토스트를 노릇하게 구워 완성해요.

만두덕후를 위한

만두볶이

만두는 떡볶이에서건 부대찌개에서건 어디에서건
메인 재료가 아닌 사리 개념으로 조금씩 곁들여지는 메뉴였는데요.
전국 만두 마니아들의 한을 풀어줄 만두볶이를 만들어보아요.
떡볶이에서 떡 대신 만두를 메인으로 하여 여한 없이 만두를 먹을 수 있답니다.

만개의레시피
간식요리 랭킹
10위

- 냉동 물만두 3종이컵(200g)
- 사각어묵 2장
- 양파 ¼개
- 대파 1대
- 양배추 ⅛개(150g)

양념 재료

- 고추장 2숟가락
- 고춧가루 1숟가락
- 간장 1숟가락
- 설탕 1숟가락
- 다진 마늘 ½숟가락

보관법

요리해서 바로 드시는 것이 좋아요.

양배추와 양파는 깍둑 썰고 대파는 어슷 썰고 사각어묵은 한입 크기로 썰어요.

달군 팬에 식용유를 두르고 냉동 물만두를 구워요.

볼에 양념 재료를 넣고 양념장을 만들어요.

냄비에 물 2종이컵을 붓고 양념장을 풀어 중불에서 한소끔 끓여요.

사각어묵, 양파, 양배추를 넣고 한소끔 더 끓인 후 구운 물만두와 대파를 넣고 버무려 완성해요.

부드럽고 포근한 맛

브로콜리달걀 샌드위치

달걀과 브로콜리가 어우러진 달걀샐러드는

한입 베어 물면 부드럽고 포근한 식감으로 누구나 부담없이 즐길 수 있어요.

아이들 간식으로도 손색이 없고 어른을 위한 브런치로도 좋습니다.

부드럽고 포근한 음식으로 따스한 위로 받으세요.

만개의레시피
간식요리 랭킹
11위

- 모닝빵 6개
- 달걀 4개
- 브로콜리 ⅕개(80g)
- 양파 ¼개
- 소금 약간

양념 재료

- 마요네즈 3숟가락
- 허니머스터드 1+½숟가락
- 설탕 ¼숟가락
- 소금 약간
- 후추 약간

보관법

요리해서 바로 드시는 것이 좋아요.

달걀은 삶은 후 찬물에 담가 껍질을 까요.

끓는 물에 소금을 넣고 브로콜리를 30초간 데친 후 찬물에 헹구고 체에 밭쳐 물기를 제거해요.

양파와 브로콜리는 잘게 다져요.

삶은 달걀을 으깬 후 양파, 브로콜리, 양념 재료를 넣고 섞어요.

모닝빵에 칼집을 낸 후 ④를 채워 넣어 완성해요.

콘치즈만두

: 4인분　: 30분

만두에 채소나 고기로 채워야 한다는 편견은 버리세요.
통조림옥수수와 피자치즈를 넣으면 고소한 콘치즈만두를 완성할 수 있어요.
아이들 간식으로도 제격이지만, 어른들 술안주로도 잘 어울리는 메뉴랍니다.

만개의레시피
간식요리 랭킹
12위

- 통조림 옥수수 ½캔(140g)
- 피자치즈 1종이컵
- 양파 ⅙개
- 당근 ⅛개
- 만두피 12장
- 버터 1숟가락

양념 재료

- 마요네즈 2숟가락
- 설탕 ⅓숟가락
- 파슬리가루 약간

보관법

냉장실에서 2일, 냉동실에서는
15일 정도 보관할 수 있어요.
한 번에 먹을 양만큼 담아서
보관하면 편리해요.

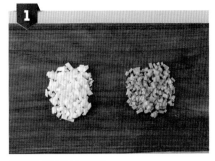

양파와 당근은 다져요.

달군 팬에 버터를 녹이고 양파와 당근을 넣어
중불에서 볶아요.

볼에 볶은 양파와 당근, 물기를 뺀 통조림
옥수수, 피자치즈, 양념 재료를 섞어
만두소를 만들어요.

tip 만두 가장자리를
포크 끝으로 누르면 모양도
예쁘고 잘 붙어요.

만두피에 만두소를 넣고 가장자리에 물을
발라 반달모양으로 빚어요.

달군 팬에 식용유를 두르고 만두를
중약불에서 앞뒤로 노릇하게 구워 완성해요.

포슬포슬 감자 안에 치즈가 쏘옥

치즈감자
고로케

🍚 : 4인분   🕐 : 30분

포슬포슬한 감자 고로케를 한입 베어 물면
그 안에서 치즈가 쏘옥 흘러나오는 재미가 쏠쏠해요.
먹는 재미, 보는 재미가 있는 요리입니다.
이번 주말에는 치즈감자고로케를 만들어보는 건 어떨까요?

만개의레시피
간식요리 랭킹
13위

- 감자 3개
- 양파 ⅙개
- 당근 ⅙개
- 노랑파프리카 ¼개
- 빵가루 1종이컵
- 밀가루 ½종이컵
- 달걀 1개
- 피자치즈 1종이컵

양념 재료

- 마요네즈 1숟가락
- 소금 약간
- 후추 약간

보관법

냉장실에서 2일, 냉동실에서는
15일 정도 보관할 수 있어요.
한 번에 먹을 양만큼 담아서
보관하면 편리해요.

tip 젓가락으로
찔러봤을 때 부드럽게
들어가면 다 익은 거예요.

감자는 2등분 한 후 김이 오른 찜기에 푹 쪄요.

양파, 당근, 노랑파프리카는 다져요.

달군 팬에 식용유를 두르고 양파, 당근,
노랑파프리카를 넣어 볶아요.

감자는 껍질을 벗겨 으깬 후 ③과 양념재료를
넣고 섞어요.

④를 동그랗게 빚은 후 넓적하게 펴 안에
피자치즈를 넣고 동그랗게 빚어요.

tip 빵가루를 기름에
떨어트렸을 때 냄비 바닥에
닿았다가 바로 떠오르면
알맞은 온도예요.

⑤를 밀가루 ⇒ 달걀물 ⇒ 빵가루 순으로
묻힌 후 예열된 기름에 노릇하게 튀겨 완성해요.

집에서 만드는
닭가슴살 어묵

닭고기핫바

핫바를 생선으로만 만들 수 있다는 편견은 버려요.
닭가슴살을 다져서 단백질이 풍부해 영양 가득 맛있는 닭고기핫바를 만들 수 있습니다.
간장 소스에 조려 먹어도 맛있지만, 케첩이나 머스터드와도 환상 궁합을 자랑한답니다.

만개의레시피
간식요리 랭킹
14위

- 닭가슴살 ½팩(250g)
- 두부 ⅓모(100g)
- 부추 ¼줌(25g)
- 달걀 ½개
- 전분 2숟가락
- 소금 약간
- 후추 약간

소스 재료

- 간장 2숟가락
- 맛술 2숟가락
- 설탕 ½숟가락

보관법

냉장실에서 2일, 냉동실에서는 15일 정도 보관할 수 있어요. 한 번에 먹을 양만큼 담아서 보관하면 편리해요.

1

tip 두부는 키친타월로 눌러 물기를 최대한 제거해요.

부추는 송송 썰고 두부는 으깨고 닭가슴살은 다져요.

2

볼에 닭가슴살, 두부, 부추, 달걀, 전분, 소금, 후추를 넣고 섞어 반죽을 만들어요.

3

반죽을 핫바 모양으로 빚은 후 꼬치를 끼워요.

4

볼에 소스 재료를 넣고 소스를 만들어요.

5

달군 팬에 식용유를 두르고 중약불에서 앞뒤로 노릇하게 굽다가 뚜껑을 닫아 속까지 익혀요.

6

tip 취향에 따라 마요네즈를 뿌려요.

핫바가 구워지면 소스를 넣고 조려 완성해요.

휴게소 메뉴로 빠지면 섭섭하죠!

통감자 버터구이

: 2인분　　: 30분

휴게소에서 먹었던 통감자버터구이를 집에서도 만들어봐요.
삶은 감자에 버터의 풍미를 입히고 소금을 뿌린 후
겉 표면을 노릇노릇 구우면 휴게소에서 맛보았던 통감자버터구이가 탄생합니다.
취향에 따라 설탕을 뿌려 먹어도 되고, 파슬리치즈가루를 뿌려도 좋아요.

만개의레시피
간식요리 랭킹
15위

- 감자 3개
- 버터 1숟가락
- 소금 약간
- 설탕 ½숟가락
- 파마산치즈가루 약간

선택 재료

- 파슬리가루 약간

보관법

냉장실에서 2일, 냉동실에서는
15일 정도 보관할 수 있어요.
한 번에 먹을 양만큼 담아서
보관하면 편리해요.

감자는 껍질을 벗겨 4등분 한 후 모서리를
돌려 깎아요.

tip 이쑤시개로 찔렀을 때
부드럽게 들어가면 다 익은 거예요.

끓는 물에 감자를 5~6분간 삶아요.

달군 팬에 버터를 녹이고 감자를 넣어
소금을 뿌린 후 중불에서 노릇하게 구워요.

구운 감자에 설탕, 파마산치즈가루,
파슬리가루를 뿌려 완성해요.

떡볶이가 기름에 풍덩!

기름떡볶이

🍚 : 2인분 🕒 : 30분

떡볶이의 또 다른 변신, 기름떡볶이에요.

떡볶이를 기름에 구우면 고소하고 바삭한 식감이 살아난답니다.

떡볶이를 기름에 구울 때는 양념이 타지 않게

불을 잘 조절하는 것이 중요해요. 평범한 떡볶이가 지겨울 때 도전해보세요.

만개의레시피
간식요리 랭킹
16위

- 사각어묵 2장
- 떡볶이떡 2종이컵
- 통깨 약간

양념 재료

- 설탕 ½숟가락
- 물엿 1숟가락
- 고추장 1숟가락
- 고춧가루 1숟가락
- 간장 1숟가락
- 다진 마늘 ½숟가락
- 참기름 1숟가락

보관법

요리해서 바로 드시는 것이 좋아요.

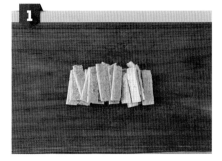

사각어묵을 한입 크기로 썰어요.

볼에 양념 재료를 넣고 양념장을 만들어요.

끓는 물에 떡볶이떡을 넣고 20초간 데친 후 체에 밭쳐 물기를 빼요.

양념장에 떡볶이떡을 넣고 버무려요.

달군 팬에 식용유를 두른 뒤 양념한 떡볶이떡(④)을 넣고 센 불에서 노릇하게 2분간 볶아요.

사각어묵을 넣고 2분간 더 볶은 후 통깨를 뿌려 완성해요.

사라다는 사라다로 불러야 제맛!

메추리알 사라다

어린 시절 메추리알과 갖은 채소 과일을 넣고
마요네즈에 버무린 요리를 우리들은 '사라다'라고 불렀습니다.
사라다와 샐러드는 엄연히 다른 것, 그 시절 먹었던 사라다를 만들어봐요.
마요네즈에 버무려진 채소와 메추리알을 쏙쏙 골라먹는 기쁨을 누려보세요.

👑 만개의레시피
간식요리 랭킹
17위

- 삶은 메추리알 ½팩(25알)
- 사과 1개
- 오이 ½개
- 당근 ½개
- 통조림 옥수수 ½캔(170g)

소스 재료

- 마요네즈 5숟가락
- 머스터드 ½숟가락
- 설탕 1숟가락
- 소금 약간

보관법

냉장실에서 1~2일 보관할 수 있어요.

통조림 옥수수는 체에 밭쳐 물기를 빼요.

사과, 오이, 당근은 깍둑 썰어요.

볼에 소스 재료를 넣고 소스를 만들어요.

tip 취향에 따라 다진 땅콩을 뿌리면 고소해요.

볼에 삶은 메추리알, 사과, 오이, 당근,
통조림 옥수수를 넣고 소스를 버무려 완성해요.

곶감 속에 부드러운 크림치즈가 사르르

크림치즈 곶감말이

🧁 : 4인분 🕐 : 15분

언뜻 어울릴까 싶지만, 모양도 맛도 최고인 요리예요.
곶감에 크림치즈를 넣고 돌돌 말아 썰면 마치 꽃송이가 활짝 피어난 모양을 하고
있답니다. 달콤한 곶감과 고소한 치즈가 부드럽게 어우러지면서 고급스러운 맛을 내요.
귀한 손님이 왔을 때 차와 함께 내기 좋은 메뉴랍니다.

만개의레시피
간식요리 랭킹
18위

- 곶감 4개
- 호두 6개
- 크림치즈 4숟가락

보관법

냉장실에서 2일, 냉동실에서는
15일 정도 보관할 수 있어요.
한 번에 먹을 양만큼 담아서
보관하면 편리해요.

곶감은 꼭지를 자르고 칼집을 내 씨를
제거해요.

곶감을 펼쳐 안쪽에 크림치즈를 바른 후
호두를 넣고 돌돌 말아요.

tip 냉동실에 30분간
넣어둔 후 자르면 단면이
더 예쁘게 썰려요.

한입 크기로 썰어 완성해요.

감자맛탕

🍚 : 2인분 🕐 : 20분

고구마 대신 감자로도 맛있는 맛탕을 만들 수 있어요.
감자를 기름에 튀기고 올리고당과 설탕을 조려 만든 소스에 마구 섞어주면
바삭바삭하고 달콤한 감자맛탕이 완성됩니다. 달달한 맛이 강한 고구마보다는 비교적
담백하지만 그래도 맛탕은 맛탕! 칼로리 걱정은 내일의 저 편으로 밀어 넣기로 해요.
이미 우리 입은 맛탕의 고소하고 달콤한 유혹에 넘어갔을 테니까요.

만개의레시피
간식요리 랭킹
19위

- 감자 2개
- 검은깨 1숟가락

- 설탕 3숟가락
- 올리고당 2숟가락
- 물 1숟가락

보관법

냉장실에서 3일 보관할 수 있어요.

감자는 껍질을 벗겨 깍둑 썰어요.

끓는 물에 감자를 넣고 2분간 삶은 뒤 체에 밭쳐 물기를 제거해요.

tip 나무젓가락을 담갔을 때 2초 뒤에 기포가 올라오면 알맞은 온도예요.

냄비에 식용유를 붓고 예열되면 감자를 넣어 노릇하게 튀겨요.

팬에 양념 재료를 넣고 약불에서 한소끔 끓여요.

④에 튀긴 감자를 넣고 1~2분간 볶듯이 섞은 뒤 검은깨를 뿌려 완성해요.

크래미유부초밥

소고기주먹밥

하트김밥

참치김밥

반숙달걀주먹밥

베이컨치즈밥말이

달걀막대토스트

소시지꽃주먹밥

롤샌드위치

미니크루아상샌드위치

무스비

상추꽃밥

포켓샌드위치

닭가슴살크랜베리샌드위치

마약김밥

달걀그물오므라이스

눈으로 먹고 입으로 먹는

도시락
요리

모양에 반하고 맛에 반하는 오감 만족 도시락 요리! 연인들을 위한

봄나들이 도시락부터 유치원생을 위한 봄소풍 도시락까지 영양 가득,

정성 가득한 도시락 레시피들을 모았어요.

봄소풍 도시락 메뉴로 딱!

크래미
유부초밥

살랑살랑 봄바람이 불면 어디로든 마실 나가고 싶잖아요.

갑자기 봄소풍을 떠나게 되었을 때 도시락 준비가 안 되었다고 섭섭해하지 마세요.

크래미와 유부초밥만으로 보기 좋고 맛도 좋은 도시락을 20분 안에 뚝딱 완성할 수 있어요. 크래미유부초밥과 함께 먹을 간단한 과일도 챙겨 봄바람 맞으러 가자고요.

만개의레시피
도시락 랭킹
01위

- 크래미 5개
- 밥 ⅔공기
- 시판 초밥용 조미유부 1봉지
  (약 12개 분량)
- 양파 ¼개

tip 오이를 넣어도 좋아요.

양념 재료

- 허니머스터드 1숟가락
- 마요네즈 3+½숟가락
- 후추 약간

보관법

냉장실에서 2일 정도
보관할 수 있어요.

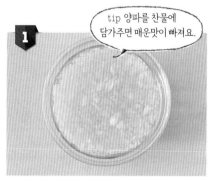

tip 양파를 찬물에
담가주면 매운맛이 빠져요.

양파는 잘게 다진 뒤 찬물에 5분간 담갔다가
건져요.

크래미를 결대로 찢은 후 양파, 양념 재료를
넣고 섞어요.

밥에 유부초밥 후리가케와 배합초를 넣고
섞어요.

유부는 물기를 짠 후 밥(③)을 ⅔ 정도
채워주고 양념한 크래미를 밥 위에 올려
완성해요.

소고기
주먹밥

: 2인분 ⏰ : 20분

소고기가 들어간 소고기주먹밥이지만
그 속에는 당근, 애호박이 함께 들어가 있어
편식하는 아이들을 위한 영양만점 요리입니다.
한입에 쏙쏙 들어가기 좋게 동글동글 말면 도시락 메뉴 뚝딱 완성!

만개의레시피
도시락 랭킹
02위

- 밥 1+½공기
- 다진 소고기 ½팩(150g)
- 애호박 ¼개
- 당근 ¼개
- 소금 약간
- 참기름 약간

양념 재료

- 간장 1숟가락
- 설탕 ½숟가락
- 소금 약간
- 후추 약간
- 참기름 1숟가락

보관법

냉장실에서 2일 정도
보관할 수 있어요.

애호박과 당근은 다져요.

볼에 다진 소고기와 양념 재료를 넣고 섞어요.

달군 팬에 식용유를 두르고 애호박과 당근을
넣어 중불로 볶다가 애호박이 투명해지면
양념된 소고기를 넣어 볶아요.

밥에 소금과 참기름 약간씩을 섞은 후 ③을
넣어요.

④를 한입 크기로 동그랗게 빚어 완성해요.

하트김밥

사랑하는 이를 위해 도시락을 싼다면 하트김밥은 어떠세요?
정성 어린 도시락에 깃든 당신의 마음에 감동할 거예요. 하트김밥의 포인트는
스팸을 사선으로 잘라 이어붙여 하트를 만든 뒤 하트의 움푹한 부분에
밥을 꽉꽉 채우는 거예요. 그래야 하트가 잘 보이는 김밥이 만들어진답니다.

만개의레시피
도시락 랭킹
03위

- 밥 2공기
- 김밥용 김 3장
- 통조림 햄 1캔(200g)

양념 재료

- 참기름 약간
- 통깨 약간

보관법

김밥은 냉장고에 넣으면 밥이
굳어서 맛이 없어지고,
데우면 김이 망가져요. 3시간 안에
드시는 것이 가장 좋아요.

1

김은 2등분 해요.

2

tip 밥이 뜨거울 때
양념 재료를 넣고 섞어야
간이 잘 배어요.

볼에 밥과 양념 재료를 넣고 섞어요.

3

tip 통조림 햄은 뜨거운 물에
살짝 데친 후에 구우면 덜 짜고
불순물도 빠져요.

통조림 햄은 3등분 한 후 팬에 노릇하게
구워요.

4

구운 통조림 햄을 45도로 비스듬히 썰어요.

5

통조림 햄을 'V'자가 되게 만든 후 반으로
자른 김에 돌돌 말고 움푹 패인 부분에 밥을
채워요.

6

남은 반 장의 김에 밥을 펼친 후 ⑤를 올려
돌돌 말아 먹기 좋게 썰어 완성해요.

정성 가득 속이 꽉 찬

참치김밥

여기저기 김밥 파는 곳은 많지만 집에서 직접 만 김밥만큼 맛있는 건 없죠.

입 크기에 맞춰 쑹덩쑹덩 썰어도 되고 좋아하는 재료를 마음껏 넣을 수 있으니까요.

다양한 재료와 더불어 참치까지 듬뿍 들어간 참치김밥이에요. 정성이 가득 들어간

도시락 요리죠. 딱딱해진 김밥은 계란물에 묻혀 지져 먹으면 된다는 것, 모두 알고 계시죠?

만개의레시피
도시락 랭킹
04위

- 통조림 참치 1캔(200g)
- 깻잎 8장
- 당근 ½개
- 사각어묵 3장
- 김밥용 햄 4줄
- 단무지 4줄
- 맛살 2줄
- 달걀 2개
- 김밥용 우엉조림 12줄
- 밥 4공기
- 김밥용김 4장

양념 재료

- 간장 1숟가락
- 올리고당 ½숟가락
- 마요네즈 4숟가락
- 참기름 약간
- 통깨 약간

밥 밑간 재료

- 소금 ¼숟가락
- 참기름 2숟가락
- 깨소금 2숟가락

보관법

김밥은 냉장고에 넣으면 밥이 굳어서 맛이 없어지고, 데우면 김이 망가져요. 3시간 안에 드시는 것이 가장 좋아요.

tip 사각어묵을 뜨거운 물에 살짝 데친 후 사용하면 불순물이 빠져요.

1 당근과 사각어묵은 채 썰고 달걀로 지단을 부쳐 당근과 비슷한 크기로 썰어요.

2 달군 팬에 식용유를 두르고 중불에서 당근, 어묵＋간장＋올리고당, 김밥용 햄을 각각 볶아 건져요.

3 볼에 기름을 뺀 참치, 마요네즈를 섞어 참치마요를 만들어요.

4 볼에 뜨거운 밥 4공기와 밥 밑간 재료를 넣고 섞어요.

tip 김의 끝부분을 남기고 밥을 펼쳐요.

5 김밥용 김을 거친 부분이 위로 오도록 놓고 미지근하게 식힌 밥을 고루 펼친 후 깻잎을 깔고 참치마요(③), 단무지, 맛살, 달걀 지단, 햄, 당근, 우엉조림, 어묵을 넣고 돌돌 말아요.

6 김밥 위에 참기름을 바른 후 통깨를 뿌리고 한입 크기로 썰어 완성해요.

323

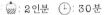
주먹밥 안에 황금빛이 주르륵!
반숙달걀 주먹밥

삶은 달걀 하나가 통째로 들어간 달걀주먹밥이에요.

달걀을 반숙으로 삶으면 덜 익은 노른자가 하나의 양념이 되어 밥과 잘 어우러집니다.

주먹밥 하나에 달걀 하나가 들어있으니 하나만 먹어도 든든한 도시락 요리가 되겠네요.

노른자가 흐를지도 모르니 물티슈 하나 챙기는 센스 잊지 마세요.

만개의레시피
도시락 랭킹
05위

- 달걀 2개
- 통조림 참치 ½캔(100g)
- 밥 2공기
- 대파 ¼대
- 김밥용 김 ½장

양념 재료

- 마요네즈 2숟가락
- 후추 약간

보관법

가급적 바로 드시는 게 좋고
3시간 안에 드시는 것을 권장해요.

1

> tip 물이 끓은 후
> 6~7분간 삶으면 반숙이 돼요.

달걀을 반숙으로 삶은 후 찬물에 담가
껍질을 까요.

2

대파는 다지고 볼에 기름을 뺀 참치, 대파,
양념 재료를 섞어 참치마요를 만들어요.

3

밥에 참치마요(②)를 넣고 섞어요.

4

달걀에 밥을 감싸 주먹밥을 만들어요.

5

김 반 장을 3등분으로 자른 뒤 주먹밥
가운데에 붙여 완성해요.

베이컨치즈 밥말이

🍚 : 1인분   🕐 : 10분

베이컨과 치즈만 있으면 뚝딱뚝딱 만들 수 있는 도시락이에요.

베이컨에 돌돌 말아 구워도 맛있고, 계란물에 묻힌 후 구워도 훌륭합니다.

베이컨과 치즈에 어느 정도 간이 되어있기 때문에 밥에 소금을 많이 넣지 않아도

충분히 간이 된다는 점을 기억해 주세요.

만개의레시피
도시락 랭킹
06위

- 밥 1공기
- 베이컨 6줄
- 슬라이스체다치즈 1장
- 참기름 1숟가락
- 소금 약간
- 후추 약간
- 통깨 약간

보관법

냉장실에서 2일, 냉동실에서는
15일 정도 보관할 수 있어요.
1인분씩 담아서 보관하면 편리해요.

슬라이스체다치즈는 6등분 해요.

볼에 뜨거운 밥과 참기름, 소금, 후추,
통깨를 넣어 섞어요.

양념된 밥을 초밥 크기로 뭉쳐요.

베이컨에 슬라이스체다치즈와 밥을 올려
돌돌 말아요.

tip 말아진
끝부분부터 구워야 잘
풀리지 않아요.

달군 팬에 식용유를 약간 두르고
베이컨치즈밥말이(④)를 돌려가며 노릇하게
구워 완성해요.

길쭉길쭉한 단짠 간식

달걀막대
토스트

🧁 : 2인분　⏱ : 20분

손으로 집어 먹기 편하게 길쭉하게 만든 막대 토스트예요.

딸기잼과 치즈를 넣고 베이컨으로 돌돌 말아주면 속 내용이 삐져나오지 않는

예쁜 모양이 완성됩니다. 한입 베어 물면 달콤하고 바삭한 식빵 안으로 사르르 녹아있는

짭조름한 치즈와 달콤한 딸기잼을 동시에 맛볼 수 있어요. 잘라 놓은 식빵 가장자리는

버리지 말고 냉동실에 보관했다가 스프를 끓여 먹을 때 크루통으로 이용하면 됩니다.

만개의레시피
도시락 랭킹
07위

- 식빵 4장
- 슬라이스체다치즈 2장
- 달걀 2개
- 베이컨 8줄
- 딸기잼 2숟가락

- 파슬리 가루 약간

보관법

냉장실에서 2일, 냉동실에서는
15일 정도 보관할 수 있어요.
1인분씩 담아서 보관하면 편리해요.

식빵 테두리를 잘라요.

식빵 2장의 한쪽 면에 딸기잼을 발라요.

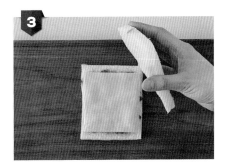

딸기잼 위에 슬라이스체다치즈를 올리고
잼을 바르지 않은 식빵으로 덮어요.

③을 4등분 한 후 베이컨으로 돌돌 말아요.

달걀을 풀고 파슬리가루를 섞어 달걀물을
만들어요. 식빵에 달걀옷을 입혀요.

달군 팬에 식용유를 두르고
달걀막대토스트(⑤)를 넣어 중약불로 익혀
완성해요.

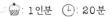
어린이 소풍 도시락에 제격

소시지꽃 주먹밥

알록달록 주먹밥 안에 꽃 모양의 소시지가 박혀있는 소시지꽃주먹밥이에요.
어린이들이 좋아하는 비엔나소시지가 들어있어 어린이 소풍 도시락에 제격이랍니다.
케첩과 머스터드를 번갈아가며 짜면 보다 예쁜 모양으로
만들 수 있으니 활용해보세요.

만개의레시피
도시락 랭킹
08위

- 비엔나소시지 4개
- 당근 ⅙개
- 양파 ⅙개
- 애호박 ⅙개
- 밥 1공기
- 참기름 1숟가락
- 소금 약간

선택 재료

- 케첩 약간

보관법

냉장실에서 2일, 냉동실에서는
15일 정도 보관할 수 있어요.
1인분씩 담아서 보관하면 편리해요.

양파, 애호박, 당근을 잘게 다져요.

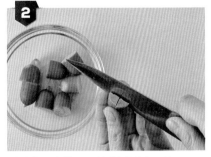

비엔나소시지는 2등분 한 후 '+' 모양으로
칼집을 내고 'X' 모양으로 한 번 더 칼집을 내요.

tip 끓는 물에
비엔나소시지를 데치면
불순물이 제거돼요.

끓는 물에 비엔나소시지를 살짝 데친 후
체에 밭쳐 물기를 제거해요.

달군 팬에 식용유를 두르고 양파, 애호박,
당근과 소금을 넣어 중약불로 볶아요.

양파가 투명해지면 불을 끄고 밥과 참기름을
넣어 섞어요.

tip 비엔나소시지
중앙에 케첩을 뿌리면
더욱 예뻐요.

밥이 한김 식으면 한입 크기로 동그랗게
모양을 빚은 후 비엔나소시지를 넣어 완성해요.

김밥처럼 동글동글 말아
한입에 쏙쏙

롤샌드위치

 : 1인분 : 20분

식빵, 햄, 치즈만으로 보기에도 좋고 맛도 좋은 롤샌드위치를 만들 수 있어요.
납작하게 만든 식빵 위에 햄과 치즈를 김밥처럼 돌돌 말아주면
한입에 쏙쏙 들어가는 샌드위치 완성! 간편하고 깔끔하게
먹을 수 있는 장점이 있는 샌드위치랍니다.

만개의레시피
도시락 랭킹
09위

- 식빵 3장
- 슬라이스햄 3장
- 슬라이스체다치즈 3장

소스 재료

- 피클 1숟가락
- 마요네즈 1숟가락
- 크림치즈 1숟가락

보관법

냉동실에서 15일 정도
보관할 수 있어요. 1인분씩
담아서 보관하면 편리해요.

피클은 잘게 다지고 볼에 소스 재료를 넣고
소스를 만들어요.

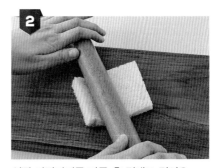

식빵 가장자리를 자른 후 밀대로 밀어요.

식빵 한쪽 면에 소스를 발라요.

tip 햄과 치즈는 살짝 아래에
올려야 말 때 바깥으로 빠져나오지
않아요. 냉장고에 10분 정도 놔두었다
잘라주면 모양이 잘 잡혀요.

소스를 바른 식빵 위에 슬라이스햄과
슬라이스체다치즈를 올리고 돌돌 만 뒤
랩에 감싸 완성해요.

작고, 귀엽고, 맛있어!

미니크루아상
샌드위치

버터 향이 솔솔 나는 크루아상은 빵 자체로도 충분히 맛있어요.

거기다 갖은 채소와 치즈, 바질 페스토까지 발랐으니 맛이 없을 수 없죠. 모양은 또 어떻고요.

소라 모양의 빵에 갖은 채소를 담은 모양새가 먹기 전부터 눈을 즐겁게 해요.

피크닉에 어울리는 메뉴죠. 예쁜 바구니에 담아 날씨 좋은 날 근처 공원으로 떠나는 건 어때요?

만개의레시피
도시락 랭킹
10위

- 미니크루아상 12개
- 토마토 1개
- 슬라이스체다치즈 3장
- 슬라이스햄 12장
- 치커리 1줌
- 바질페스토 3숟가락

보관법

채소가 시드니 당일 드시는 것이
좋아요.

토마토는 2등분 한 후 1cm 길이로
통썰기 하고 치커리는 3등분 하고
슬라이스체다치즈는 4등분 해요.

tip 바질페스토가 없다면
허니머스터드소스를 발라요.

미니크루아상은 가운데에 칼집을 낸 후
바질페스토를 양면에 발라요.

②에 치커리, 슬라이스체다치즈, 슬라이스햄,
토마토 순으로 넣어 완성해요.

무스비

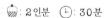
: 2인분   : 30분

무스비는 일본어로 주먹밥을 뜻하는데요.
우리에게 잘 알려진 햄이 들어간 하와이안무스비는 하와이로 이주했던 일본인들이
생선을 대신해 밥 위에 햄을 올리면서 탄생된 요리입니다. 햄과 달걀이 보기 좋게 가지런히
나열된 무스비는 햄이 담긴 통조림 캔을 활용하면 예쁘고 간편하게 만들 수 있습니다.
아삭한 맛을 살리기 위해 오이 대신 씻은 묵은지를 이용해도 좋아요.

만개의레시피
도시락 랭킹
11위

- 통조림 햄 1캔(200g)
- 밥 1+½공기
- 오이 ½개
- 달걀 2개
- 김밥용 김 1장

tip 김은 2등분 해서 준비해요.

밥 밑간 재료

- 소금 약간
- 참기름 ½숟가락
- 통깨 ½숟가락

보관법

가급적 바로 드시는 게 좋고
3시간 안에 드시는 것을 권장해요.

오이는 필러로 밀어 슬라이스 해요.

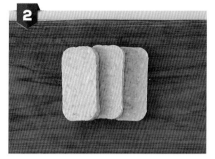

통조림 햄은 0.8cm 두께로 썰어요.

볼에 뜨거운 밥과 밥 밑간 재료를 넣고
섞어요.

달군 팬에 식용유를 두르고 달걀물을
부친 후 통조림 햄 크기로 썰어요.

달군 팬에 통조림 햄을 넣고 앞뒤로
노릇하게 구워요.

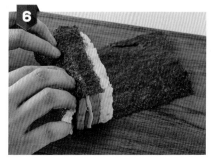

통조림 햄 통에 랩이나 비닐을 깐 후 밥 ⇨
통조림 햄 ⇨ 오이 ⇨ 달걀 지단(④) ⇨
통조림 햄 ⇨ 밥 순으로 담고 비닐을 빼며
통에서 꺼내 김으로 감싸 말아 완성해요.

상추꽃밥

🍚 : 2인분　🕐 : 30분

특별하고 맛있는 도시락 요리예요. 상추쌈 안에 있는 흰쌀밥 위로
새빨간 제육쌈장이 올려진 모양새가 꽃을 연상시킬 만큼 예쁘고 화려해요.
상추를 고정시켜야 하기 때문에 그릇은 오목한 것이 좋아요.
어른들이 특히 좋아할 만한 특별한 도시락이 되겠네요.

- 밥 2공기
- 상추 16장

밥 밑간 재료

- 참기름 2숟가락
- 부순 통깨 1숟가락

제육 쌈장 재료

- 다진 돼지고기 ⅓팩(100g)
- 양파 ¼개
- 청주 1숟가락
- 후추 약간
- 쌈장 3숟가락
- 고추장 2숟가락
- 참기름 1숟가락

보관법

가급적 바로 드시는 게 좋고
3시간 안에 드시는 것을 권장해요.

양파를 다져요.

팬에 식용유 1숟가락을 두르고 다진 돼지고기,
양파, 청주, 후추를 넣고 중약불에서 볶아요.

다진 돼지고기의 핏물이 사라지면 쌈장,
고추장, 참기름을 넣고 1~2분 더 볶아요.

볼에 밥과 밥 밑간 재료를 넣고 섞어요.

tip 모양이 고정될 수
있도록 오목한 그릇을
사용하는게 좋아요.

밥을 한입 크기로 빚은 뒤 상추로 감싸
그릇에 담아요.

밥 위에 제육 쌈장을 얹어 완성해요.

식빵 안에 달걀샐러드가 퐁당!

포켓
샌드위치

식빵과 어우러짐이 좋은 달걀샐러드는 먹어도 또 먹고 싶은 마성의 샌드위치예요.
샐러드 안에 들어 있는 옥수수, 피망, 오이가 아삭거리는 식감을 배가시켜 주죠.
달걀을 삶고 채소를 다지고 식빵 안에 넣기까지 조금 손이 간다고도 할 수 있는 요리일 텐데요.
그 수고로움 이상의 맛으로 보상을 해주니 나들이 도시락으로 한 번 도전해보세요.

만개의레시피
도시락 랭킹
13위

- 식빵 12장
- 달걀 3개
- 마요네즈 3숟가락
- 카레가루 ½숟가락
- 양파 ⅛개
- 오이 ⅛개
- 빨강파프리카 ⅛개
- 슬라이스햄 2장
- 통조림 옥수수 3숟가락

보관법

가급적 바로 드시는 게 좋고
3시간 안에 드시는 것을 권장해요.

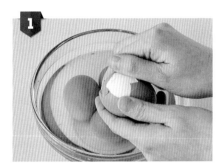

달걀은 완숙으로 삶은 후 찬물에 담가
껍질을 벗겨요.

양파, 빨강파프리카는 다지고 오이와
슬라이스햄은 채 썰어요.

tip 삶은 달걀을
포크로 으깨면 보다 잘
으깨져요.

볼에 삶은 달걀을 으깬 후 모든 재료를 넣고
섞어 달걀샐러드를 만들어요.

tip 과도를 이용하면
식빵 가장자리를 보다 깔끔하게
제거할 수 있어요.

식빵에 달걀샐러드를 올린 뒤 다른 식빵으로
덮고 밥공기를 이용해 꾹 누른 뒤 가장자리를
정리해 완성해요.

아침식사를 건강하고 든든하게!

닭가슴살크랜베리
샌드위치

2인분 ⏱ : 30분

소중한 나를 위한 건강한 선택, 닭가슴살크랜베리샌드위치예요.
곡물식빵에 닭가슴살, 건크랜베리까지 더했으니
다이어트에 좋을 뿐 아니라 건강하고 든든한 한끼를 완성할 수 있습니다.
취향에 따라 닭가슴살 대신 구운 두부를 넣어도 훌륭한 샌드위치가 되니 참고하세요.

만개의레시피
도시락 랭킹
14위

- 곡물식빵(샌드위치용) 4장
- 토마토 1개
- 양파 ¼개
- 베이컨 6장
- 로메인상추 4장
- 통조림 닭가슴살 1캔(135g)
- 건크랜베리 ¼종이컵
- 슬라이스 아몬드 3숟가락

양념 재료

- 마요네즈 2숟가락
- 홀그레인머스터드 ⅓숟가락
- 소금 약간
- 후추 약간

보관법

가급적 바로 드시는 게 좋고
3시간 안에 드시는 것을 권장해요.

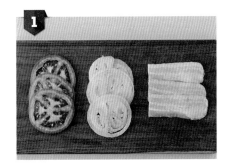

토마토와 양파는 통썰기 하고 베이컨은
2등분 해요.

통조림 닭가슴살은 체에 밭쳐 물기를
제거해요.

달군 팬에 곡물 식빵을 넣고 앞뒤로
약불에서 구워요.

달군 팬에 베이컨을 중약불에서 노릇하게
구워요.

볼에 통조림 닭가슴살, 건크랜베리,
슬라이스 아몬드, 양념 재료를 넣고 버무려
닭가슴살샐러드를 만들어요.

식빵 위에 로메인상추, 토마토, 닭가슴살샐러드,
베이컨, 양파를 올린 뒤 남은 식빵으로 덮어
완성해요.

자꾸만 생각나는 마성의 요리
마약김밥

광장시장에서 한 번쯤은 사먹었을 마약김밥이에요.

시장에서 줄 서서 먹을 필요 없이 간단한 재료로 집에서 뚝딱 만들어봐요.

김밥 안에 특별한 재료가 들어간 것도 아닌데, 연겨자를 찍어 먹다 보면

자꾸만 먹게 되고 돌아서면 생각나는, 말 그대로 마약 같은 요리죠.

만개의레시피
도시락 랭킹
15위

- 김 6장
- 밥 2공기
- 시금치 1줌(50g)
- 당근 ⅓개
- 단무지 8줄
- 옛날 소시지 ¼개
- 소금 약간

밥 밑간 재료

- 소금 ⅙숟가락
- 참기름 1숟가락
- 통깨 1숟가락

시금치나물 밑간 재료

- 다진 마늘 ⅓숟가락
- 참기름 ⅓숟가락
- 통깨 ⅓숟가락

소스 재료

- 연겨자 1숟가락
- 간장 1숟가락
- 설탕 ½숟가락
- 식초 1숟가락
- 물 1숟가락

보관법

가급적 바로 드시는 게 좋고
3시간 안에 드시는 것을 권장해요.

당근은 채 썰고 옛날 소시지와 단무지는
당근과 비슷한 길이로 썰어요.

볼에 소스 재료를 넣고 소스를 만들어요.

볼에 밥과 밥 밑간 재료를 넣고 섞어요.

소금 약간을 넣은 끓는 물에 손질한 시금치를
넣고 15초간 데친 후 물기를 꼭 짜요.
시금치나물 밑간 재료를 넣고 무쳐요.

팬에 식용유를 두르고 당근과
소금 약간을 넣어 중불에서 볶아요.

팬에 식용유를 두르고 옛날 소시지를
노릇하게 볶아요.

2등분 한 김에 밥을 넓게 펼치고 당근,
옛날 소시지, 단무지, 시금치나물을 넣고
돌돌 만 후 소스와 곁들여 완성해요.

도시락 메뉴로 딱!

달걀그물 오므라이스

: 2인분 : 30분

달걀을 지그재그로 뿌려 그물 모양을 만드는 게 관건이에요.
팬이 충분히 달구어지고, 식용유를 두른 뒤 키친타월로 닦아내야 예쁜 그물 모양을
만드는 데 실패가 없어요. 설령 실패한다고 하더라도 너무 걱정하지 마세요.
달걀물을 더 부어 동그랗게 부쳐도 충분히 맛있고 예쁜 오므라이스를 먹을 수 있으니까요.

- 달걀 2개
- 밥 1공기
- 양파 ⅙개
- 당근 ⅛개
- 녹말 1숟가락
- 맛술 1숟가락

양념 재료

- 소금 약간
- 후추 약간
- 케첩 1숟가락

보관법

냉장실에서 2일 정도
보관할 수 있어요.

양파와 당근은 잘게 다져요.

볼에 달걀, 녹말, 맛술을 넣어 섞은 후
체에 걸러 소스병에 담아요.

tip 기호에 따라
햄이나 다른 채소를
추가해도 좋아요.

달군 팬에 식용유를 두르고 키친타월로
닦은 후 ②를 지그재그로 뿌려 그물 모양을
만들어 꺼내요.

달군 팬에 식용유를 두르고 양파와 당근을
중약불에서 볶아요.

tip 그릇에 위생비닐을
깔고 재료를 올리면 뒤집어
꺼내기 수월해요.

양파가 투명해지면 밥, 양념 재료를 넣고 1~2분간
볶아요. 그릇에 달걀 그물을 올리고 볶음밥을 넣어
감싼 뒤 뒤집어 접시에 담아 완성해요.

오래 두고 길게 먹는

저장식
요리

반찬이 없을 때 언제든 SOS 할 수 있는 요리!

김치부터 장아찌, 피클까지 냉장고에 쟁여 두고 오래도록 먹을 수 있는

든든한 저장 레시피를 모았어요.

면과도 밥과도
최고의 궁합!

파김치

🍰: 10인분   🕐: 30분

파김치는 칼국수나 라면과 함께 먹어도 맛있고 쌀밥에 척 올려 먹어도 맛있어요.
햇쪽파가 나오는 봄에 담그면 그 맛은 배가되죠. 만드는 법은 다른 김치에 비해
한결 쉬운 편이에요. 액젓에 15분만 절여두면 되니 빠르게 담글 수 있는 김치입니다.
다가오는 봄, 파김치 한번 담가 보는 건 어떨까요?

만개의레시피
저장식 랭킹
01위

- 손질 쪽파 ½단(600g)
- 멸치액젓 ⅓종이컵

양념 재료

- 다진 마늘 1숟가락
- 다진 생강 ¼숟가락
- 간 양파 3숟가락
- 새우젓 1숟가락
- 고춧가루 ½종이컵
- 설탕 ½숟가락
- 매실액 1숟가락

풀물 재료

- 밀가루 1숟가락
- 물 ½종이컵

보관법

김치냉장고에서 보관하세요.

1

tip 쪽파의 지저분한 껍질이 있으면 벗겨요.

쪽파와 잠길 만큼의 물을 담고 흔들어 씻은 후 물기를 빼요.

2

tip 5분씩 쪽파를 뒤집어 절여요.

볼에 손질한 쪽파를 넣고 뿌리 부분에 멸치액젓을 부어 15분간 절여요.

3

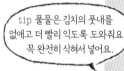

tip 풀물은 김치의 풋내를 없애고 더 빨리 익도록 도와줘요. 꼭 완전히 식혀서 넣어요.

냄비에 풀물 재료를 넣고 중약불에서 계속 저어가며 풀을 쑨 후 식혀요.

4

볼에 양념 재료, ②의 쪽파 절인 멸치액젓, 풀물을 넣고 섞어 양념을 만들어요.

5

tip 실온에 반나절 숙성 후 냉장보관해 드세요.

쪽파에 양념을 골고루 묻혀 완성해요.

시원하고 청량한 맛

깍두기

깍두기는 바로 담글 때도 맛있지만,

익어가면서 그 진가를 발휘하는 반찬이에요.

아삭거리는 무의 식감과 새콤달콤한 맛이 만나 밥이 술술 넘어가게 만들어줍니다.

냉장고에 넣어 두면 두고두고 든든한 반찬이 되기도 하죠.

만개의레시피
저장식 랭킹
02위

- 무 1+½개(2kg)
- 굵은 소금 3+½숟가락
- 쪽파 5대

양념 재료

- 고춧가루 8숟가락
- 매실액 3숟가락
- 사과 ½개
- 양파 ½개
- 생강 ½숟가락
- 마늘 8개
- 까나리액젓 3숟가락
- 새우젓 2숟가락
- 소금 1숟가락

풀물 재료

- 밀가루 1숟가락
- 물 1종이컵

보관법

김치냉장고에서 보관하세요.

1 tip 중간중간 뒤집어줘야 잘 절여져요. 다 절여지면 무에서 나온 물은 따라 버려요.

무는 깍둑썰기 한 후 굵은 소금을 넣고 1시간 정도 절여요.

2 tip 밀가루가 덩어리지지 않도록 계속 저어가며 끓여요.

냄비에 풀물 재료를 넣고 섞어 풀을 쑨 뒤 식혀요.

3

사과와 양파는 껍질을 벗겨 한입 크기로 썰고 쪽파는 3cm 길이로 썰어요.

4

믹서기에 양념 재료를 넣고 갈아요.

5 tip 실온에서 1~2일 숙성 후 냉장 보관해 드세요.

볼에 양념(④), 풀물, 쪽파를 넣고 섞은 후 무를 넣어 버무려 완성해요.

장아찌계의 팔방미인

양파장아찌

양파장아찌 하나 집에 있으면 약방의 감초처럼 어느 요리에나 활용할 수 있어요.
양파장아찌 그 자체로도 훌륭한 반찬이 될 뿐더러 고기를 먹을 때 곁들이기에 좋고
튀김요리의 간장소스로 활용하기에도 그만입니다. 양파장아찌 등 저장음식을 만들 때
신경 써야 할 부분은 장아찌를 담아둘 병을 깨끗하게 소독하는 것이라는 사실을 잊지 마세요.

만개의레시피
저장식 랭킹
03위

- 양파 2개

절임물 재료

- 물 1종이컵
- 설탕 1+½종이컵
- 식초 1+½종이컵
- 간장 1+½종이컵

보관법

냉장실에서 1개월 정도
보관할 수 있어요.

유리병은 열탕 소독해요.

양파를 한입 크기로 썰어요.

냄비에 절임물 재료를 넣고 센 불에서
한소끔 끓여요.

tip 절임물이 뜨거울 때
부어야 양파가 아삭해요.

tip 하루 정도
냉장실에서 숙성 후
드세요.

열탕 소독한 병에 양파와 절임물을 넣고
차게 식힌 후 뚜껑을 닫아 완성해요.

김의 새로운 변신

김장아찌

 : 6인분 : 15분

김을 바삭바삭하게만 먹어야 한다는 생각은 이제 그만!

김으로 장아찌를 만들면 눅진눅진하고 짭조름한

밥도둑 반찬이 완성됩니다. 김이 습기를 머금어 특유의 바삭함을 잃었을 때

버리지 말고 시도해 보는 것도 좋은 방법이 될 수 있답니다.

만개의레시피
저장식 랭킹
04위

- 김밥용 김 20장

tip 돌김, 재래김은 풀어질 수
있으니 꼭 김밥김을 준비하세요.

절임물 재료

- 물 1종이컵
- 간장 ⅔종이컵
- 올리고당 5숟가락
- 다진 마늘 1숟가락
- 참기름 5숟가락

보관법

냉장실에서 1개월 정도
보관할 수 있어요.

김밥용 김은 가위로 6등분 해요.

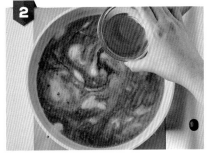

팬에 참기름을 제외한 절임물 재료를 넣고
중불에서 한소끔 끓인 뒤 참기름을 넣고
한 김 식혀요.

tip 양념이 잘
배도록 위아래로 김을
뒤집어가며 눌러요.

밀폐용기에 김을 넣고 절임물을 부은 뒤
완성해요.

357

깻잎장아찌

🍚 10인분   🕐 20분

입맛 없을 때 깻잎장아찌에 흰쌀밥을 얹어 먹어보세요.
깻잎 특유의 향과 잘 배인 간장의 짭짤한 맛이
집 나간 입맛을 돌아오게 만들어줄 거예요.
깻잎장아찌는 삼겹살을 먹을 때도 금상첨화랍니다.

만개의레시피
저장식 랭킹
05위

- 깻잎 50장
- 마늘 5개
- 홍고추 1개

절임물 재료

- 물 4숟가락
- 간장 2숟가락
- 까나리액젓 2숟가락
- 매실액 1숟가락
- 식초 1숟가락
- 설탕 1숟가락
- 통깨 ½숟가락

보관법

냉장실에서 1개월 정도
보관할 수 있어요.

깻잎은 꼭지를 잘라요.

마늘은 편 썰고 홍고추는 2등분 한 후 송송
썰어요.

냄비에 절임물 재료를 넣고 끓어오르면
불을 꺼요.

tip 30분 후
한 번 뒤집어요.

밀폐용기에 깻잎과 편마늘을 번갈아 쌓아
올린 뒤 절임물을 붓고 차게 식힌 후 뚜껑을
닫아 완성해요.

 : 10인분　　: 30분

고추장아찌

한식에도 양식에도 안성맞춤

서양에 할라피뇨피클이 있다면 우리에게는 고추장아찌가 있습니다.

고추장아찌는 한식에도 어울리지만 스파게티나 피자 같은 서양요리에도 안성맞춤이지요.

매운맛을 좋아한다면 청양고추를 이용해서 알싸한 고추장아찌에 도전해보세요.

만개의레시피
저장식 랭킹
06위

- 풋고추 30개

tip 매운맛을 좋아하면
청양고추를 사용해요.

절임물 재료

- 간장 1+½종이컵
- 설탕 1+½종이컵
- 식초 1+½종이컵
- 물 1종이컵

보관법

냉장실에서 1개월 정도
보관할 수 있어요.

유리병은 열탕소독해요.

tip 풋고추에
구멍을 내면 간이 더
잘 배어요.

풋고추는 꼭지를 제거한 후 이쑤시개로
구멍을 내요.

냄비에 절임물 재료를 넣고 센 불에서
한소끔 끓여요.

tip 2일간 실온 숙성 후
냉장 보관해 드세요.

tip 차게 식힌 후
뚜껑을 닫아야 재료가
무르지 않고 아삭해요.

열탕소독한 병에 풋고추를 넣고 절임물이
뜨거울 때 바로 붓고 완성해요.

아삭아삭
새콤달콤

오이피클

🧁 : 10인분 🕐 : 20분

새콤달콤한 맛과 특유의 아삭함으로 사랑받는 오이피클이에요.
양배추나 파프리카 등의 다양한 채소를 함께 넣어주면 보기에도 좋고,
씹는 맛도 다채로운 피클을 만들 수 있답니다. 오이는 청오이보다는
단단한 백오이를 이용하는 것이 오이피클을 더 맛있게 담글 수 있는 비법이랍니다.

👑
만개의레시피
저장식 랭킹
07위

- 오이 3개
- 양배추 ⅙개
- 빨강파프리카 1개
- 노랑파프리카 1개

절임물 재료

- 물 1+½종이컵
- 식초 5종이컵
- 설탕 3+½종이컵
- 소금 1+½숟가락

보관법

냉장실에서 1개월 정도
보관할 수 있어요.

1

유리병을 열탕소독해요.

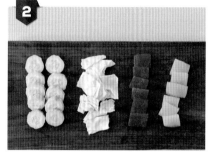

2

오이는 칼로 돌기를 제거하고 양배추,
빨강파프리카, 노랑파프리카와 함께 한입
크기로 썰어요.

tip 1~2일간 서늘한
실온에서 숙성시킨 후
냉장보관해 드세요.

3

냄비에 절임물 재료를 넣고 센 불에서
한소끔 끓여요.

4

tip 식힌 후 뚜껑을
닫아야 재료가 무르지 않고
아삭해요.

열탕소독한 병에 채소를 넣고 절임물을
뜨거울 때 붓고 완전히 식힌 후 뚜껑을 덮어
완성해요.

치킨무

🍚 : 10인분　⏱ : 30분

치킨을 시키면 치킨무가 늘 딸려오기 때문에
치킨무를 치킨만의 전유물이라 생각하기 쉬운데요.
치킨무 하나면 느끼한 음식을 먹을 때 다양하게 활용하기 좋아요.
집에서 닭요리를 해 먹을 때도 금상첨화랍니다.

만개의레시피
저장식 랭킹
08위

- 무 ½개(1200g)

절임물 재료

- 물 1종이컵
- 설탕 2+⅓종이컵
- 식초 3종이컵
- 소금 1숟가락

보관법

냉장실에서 1개월 정도
보관할 수 있어요.

유리병은 열탕소독해요.

무는 껍질을 벗기고 깍둑썰기 해요.

냄비에 절임물 재료를 넣고 센 불에서
한소끔 끓여요.

tip 1~2일간
서늘한 실온에서 숙성 후
냉장 보관해 드세요.

열탕소독한 병에 무를 넣고 절임물(③)을
뜨거울 때 붓고 차게 식힌 후 뚜껑을 덮어
완성해요.

짭조름한 맛의 유혹

무장아찌

무짠지라고도 불리는 무장아찌예요.
꺼내서 바로 먹어도 맛있고,
채 썰어 참기름과 마늘에 조물조물 무쳐 먹어도 그만이지요.
반찬이 없을 때나 입맛이 없을 때 제격이랍니다.

- 무 ½개(600g)
- 청양고추 1개
- 홍고추 1개
- 굵은소금 1숟가락

- 설탕 1종이컵
- 간장 1종이컵
- 식초 1종이컵
- 물 1종이컵

보관법

냉장실에서 1개월 정도
보관할 수 있어요.

무는 5cm 길이로 손가락 굵기만 하게 썰어
요. 청양고추와 홍고추는 어슷 썰어요.

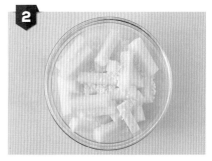

무에 굵은소금을 넣고 버무려 30분간
절여요.

절인 무는 물에 헹구고 체에 밭쳐 물기를
제거해요.

냄비에 절임물 재료를 넣고 센 불로 한소끔
끓여요.

불을 끈 뒤 절인 무와 청양고추, 홍고추를
넣고 차게 식힌 뒤 밀폐용기에 담고 뚜껑을
덮어 완성해요.

tip 한나절 실온에서
숙성 후 냉장 보관해 드세요.

어디에나 어울리는
여름반찬

열무김치

열무김치는 특히 여름에 어울리는 김치예요.

비빔국수, 냉면, 비빔밥, 보리밥 그 어디에든 맛을 배로 늘려주는 역할을 한답니다.

열무김치를 담글 때는 풋내가 나지 않도록

살살 버무려주어야 한다는 것 잊지 마세요.

만개의레시피
저장식 랭킹
10위

- 열무 ½단
- 얼갈이 ½단
- 양파 1개
- 쪽파 1줌(70g)
- 홍고추 2개
- 청양고추 2개
- 통깨 1숟가락

양념 재료

- 고춧가루 ½종이컵
- 양파 ½개
- 다진 마늘 1숟가락
- 다진 생강 ½숟가락
- 설탕 2+½숟가락
- 소금 1숟가락
- 멸치액젓 2숟가락
- 새우젓 1숟가락
- 밥 ½공기
- 물 2종이컵

절임 재료

- 소금 ½종이컵
- 물 3종이컵

보관법

김치 냉장고에서 보관하세요.

1 열무와 얼갈이는 뿌리 부분을 칼로 살살 긁어 다듬고 물에 헹군 후 한입 크기로 썰어요.

2 볼에 절임재료를 섞은 후 열무와 얼갈이를 넣어 30분간 절여요.

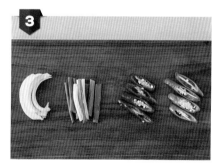

3 양파는 채 썰고 쪽파는 5㎝ 길이로 썰고 홍고추와 청양고추는 어슷 썰어요.

4 믹서기에 양념 재료를 넣고 갈아요.

5 절인 열무와 얼갈이는 물에 헹군 뒤 체에 받쳐 물기를 제거해요.

tip 열무는 너무 세게 버무리면 풋내가 날 수 있으니 살살 버무려요.

6 볼에 열무, 얼갈이, 양파, 쪽파를 담고 양념을 넣어 살살 버무리다가 홍고추, 청양고추, 통깨를 넣고 한 번 더 버무린 뒤 밀폐용기에 담아 완성해요.

아삭아삭 싱그러운

오이소박이

- 오이 5개
- 양파 ½개
- 부추 1+½줌(150g)
- 굵은소금 1줌

양념 재료

- 고춧가루 6숟가락
- 다진 생강 ⅓숟가락
- 설탕 1숟가락
- 멸치액젓 2숟가락
- 다진 마늘 2숟가락
- 매실액 1+½숟가락

오이절임물 재료

- 굵은소금 4숟가락
- 물 5종이컵

보관법

냉장실에서 보름 정도
보관할 수 있어요.

1

양파는 채 썰고 부추는 2cm 길이로 썰어요.

2

오이는 굵은소금으로 비벼가며 씻은 후
5cm 길이로 썰어요. 끝에 1~2cm를 남기고
'+' 모양의 칼집을 내요.

3

tip 오이가 부드럽게
휘어질 정도로 절여요.

냄비에 오이절임물 재료를 넣고 한소끔 끓인
후 오이를 넣고 30분간 절여요.

4

볼에 양념 재료, 양파, 부추를 넣고 소를
만들어요.

5

오이의 칼집 넣은 부분이 부드럽게 휘어지면
찬물에 2~3번 헹군 후 체에 밭쳐 물기를
제거해요.

6

tip 2~3일간
냉장실에서 숙성 후
드세요.

오이 속에 소를 채워 완성해요.

INDEX 가나다순

INDEX 주재료별

INDEX 주재료 가격순